염·탈색
미용교육론

염·탈색 미용교육론

류은주 · 오강수 지음

 KSi 한국학술정보㈜

머리말

이 책을 집필하면서 사람은 배우는 존재로서 '배운다는 의미는 무엇일까'라고 새삼 자문해 본다. '지식을 더하는 것'과 함께 '사람됨을 더하는 것'이라고 할 때 미용교육자로서 우리의 교육현실은 지식과 정보의 습득이라는 바퀴와 사람됨이라는 바퀴는 균형을 이루고 있는지 반문해 본다. 많은 사람은 교육의 관점에서 비인간화의 가장 근본적인 원인은 제자를 대하는 선생된 우리의 자세에 있다고 본다. 좋은 사람과 훌륭한 사람은 엄연히 구분되듯이 후학 미용인들의 미래를 생각할 때 미용전공자라면 전공지식과 신념, 태도, 가치관이 확고한 자로서 학습자의 위치에서 인지적·정의적·심리운동적 관점의 다양한 학습양식을 적절히 유형화할 수 있는 자가 훌륭한 미용교사라 생각한다.

"사람이 되는 것, 그것이 최고의 예술이다"라고 시인 노발리스가 말했듯이 지금이 그 시간임을 다시 한 번 되새기면서……

염·탈색에 요구되는 미용교육론은 8장으로 나누었다.

제1장 "염모관련화학"에서는 선수과목으로서 염·탈색에 요구되는 탄소화합물로서 방향족에 중점화했다.

제2장 모발에서의 "염색이론"은 모발 색의 색소체인 유멜라닌과 페오멜라닌의 기작을 밝힘으로써 모발에 관한 생화학과 염료에 관한 유기화학의 학습을 요구한다.

제3장 모발 "색채이론"은 색소의 물리작용과 색의 분석을 통하여 기여 색소의 범주가 결과색을 유도시킴을 나타내었다.

제4장 "과산화수소"는 염색과 탈색의 주요 화합물로서 H_2O과 O로 구성되어 있다. 그의 역할에 따른 주의점을 숙지해야 한다.

제5장 모발 "탈색제"에서는 탈색제의 성분구성, 종류, 작용, 효과 등에 따른 부가적인 모발 손상을 H_2O_2의 주제를 통해 살펴보았다.

제6장 "염료와 염모 메커니즘"에서는 비산화염료와 산화염료에 따른 염모제의 유형을 알 수 있으며,

제7장 "영구 염모제"와 제8장 "염·탈색의 실제"에서는 시술과정을 위한 모든 과정의 실기를 이론화했다.

집필하면서 15주 한 학기 과정 수업으로 염·탈색의 범주를 구성해 보려고 나름대로 노력하였다. 그러나 지금은 염·탈색의 지식을 위해 이 책을 공부하는 모든 분께 도움이 되길 간절히 바랄 뿐이다.

2012년 3월

류은주 識

CONTENTS

03

Hair coloring theory

모발 색채 이론

CHAPTER

08

An actual state of coloring and bleach

염색과 탈색의 실제

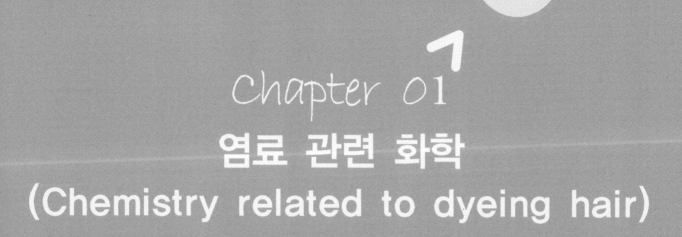

Chapter 01
염료 관련 화학
(Chemistry related to dyeing hair)

● 개요

염모는 모발색을 구성하는 색원물질인 기여색소의 탈색을 우선으로 한 뒤 원하는 색조를 입착시킨다. 이러할 때 관여되는 모든 색의 근원(인공색소든 자연색소든)에는 어떤 화학이 관련되어 있으며, 미용사로서 의의까지 알아야 학문적 영역과 실천적 영역의 경계를 확고히 할 수 있지 않을까 한다. 미적관조로서 실기가 우선으로 정착되어 온 미용사의 일인 염·탈색 과정은 결코 쉽지 않다. 따라서 이 장에서 필자는 탄소화합물로서 탄화수소를 분류함으로써 지방족 탄화수소와 그의 유도체와 결합양식의 구체화를 살펴보고자 한다.

염모관련화학에서는 다음과 같은 네 가지 영역으로 나눌수 있다.
첫째, 탄소화합물이란 무엇인가라는 문제제기를 통해 특성과 작용기에 의한 분류를 통하여 염모화학의 물질에 대해 예비지식을 제공한다.
둘째, 유기화합물의 기본이 되는 탄화수소류 가운데 포화탄화수소를 통해 물질의 이름이 정해짐을 보여 준다.
셋째, 탄소원자사이에 이중결합인 에틸렌계 또는 삼중결합을 가진 아세틸렌계의 불포화탄화수소는 결합이 끊어짐으로써 첨가반응을 살펴볼 수 있다.
넷째, 염모제의 화합물은 방향족 탄화수소로서 벤젠 그리고 벤젠과 구조적으로 관계를 통해 체계적인 명명법 등으로 나누어 살펴본다.

● 학습목표

1. 탄소화합물의 명명과 특성, 작용기에 의한 분류 등을 연결하거나 설명할 수 있다.
2. 탄화수소를 분류하고 포화탄화수소의 사슬모양과 고리모양에 대한 의미와 화학구조식을 설명할 수 있다.
3. 불포화탄화수소 중 사슬모양의 이중결합과 삼중결합에 대해 구조식을 적용하여 설명할 수 있다.
4. 불포화탄화수소 중 고리모양의 방향족화합물의 추출과정과 벤젠 구조식과 명명법을 체계, 비체계로 나누어 설명할 수 있다.
5. 방향족화합물의 관용명과 벤젠의 공명혼성구조, 치환반응, 첨가반응에 대해 설명할 수 있다.

● 주요 용어

탄소화합물, 포화탄화수소, 불포화탄화수소, 방향족화합물, 알케인, 알킨, 알카인, 벤젠

Chapter 01
염료 관련 화학

1-1. 탄소화합물의 특성 및 분류

탄소를 기본골격으로 수소, 산소, 질소, 황, 인, 할로겐 등이 결합되어 만들어진 물질이다.

특성

- 기본 구성원소(C, H, O, N, S P, Cl)의 종류는 적지만, 2만 종 이상의 탄소화합물을 이룬다.
- 탄소를 주축으로 한 공유결합물이다.
  - 원자 간 결합이 강하여 화학적으로 안정하나 반응성이 약하고 반응 속도가 느리다.
- 분자성 물질을 형성하며 그 성질에서는 소수성결합, 수소결합 등에 따라 달라진다.
- 대부분 비극성분자로서 분자 사이의 인력이 약하다.
  - 녹는점, 끓는점이 낮고, 유기용매(알코올, 벤젠, 이써 등)에 잘 녹는다.
  - 용해되어도 이온화가 형성되지 않는 비전해질이다.
- 산소 내에서 가열하면 연소하여 CO_2와 H_2O이 발생된다.
  - 무산소에서 가열 시 분해되어 탄소가 유리된다.

작용기에 따른 탄소화합물

작용기에 의한 분류에서 탄소화합물은 분자 내에 작용기를 포함하고 있으며 어떤 작용기를 가지고 있는가에 따라 그 성질이 달라진다.

탄소화합물의 명명은 1828년 뵐러(Wöhler)가 실험실에서 무기화합물인 시안산암모늄(NH_4CNO)을 가열하여 유기화합물인 요소[$CO(NH_2)_2$]를 만든 후부터 유기화합물이라는 의미가 없어져 부르게 되었다.

탄소화합물의 물질명은 그리스어의 셈씨(수사)로서 탄소의 수가 물질의 이름을 정한다.

수	1	2
수를 셀 때	mono	아(bi)
물질이름	meta	etha

7	8	9	10
hepta	octa	nona	deca
hepta	octa	nona	deca

3	4	5	6
tri	tetra	penta	hexa
propa	buta	penta	hexa

종류	작용기
알코올(ROH)	하이드록시기(-OH)
알데하이드(RCHO)	포르말기(-CHO)
케톤(RCOR')	카보닐기(-CO)
카복실산(RCOOH)	카복실기(-COOH)
에스터(RCOOR')	에스터(-COO-)
이써(ROR')	이써(-O-)

 탄화수소류

- 포화탄화수소(단일결합)
  - ┌ 사슬모양 - 알케인(C_nH_{2n+2})
  - └ 고리모양 - 사이클로알케인 (C_nH_{2n})
- 불포화탄화수소(이중결합)
  - ┌ 사슬모양 ┌ 알킨(C_nH_{2n})
  -            └ 알카인(C_nH_{2n-2})
  - └ 고리모양 - 방향족

---

* 벤젠고리의 치환
O-quinone은 적색 또는 황색의 결정으로 냄새가 없고 수증기 증류도 되지 않는다.
- para - 벤젠고리의 1, 4의 위치(Greek: beyond)
- ortho - 벤젠고리의 1, 2의위치(Greek: straight)
- meta - 벤젠고리의 1, 3의 위치(sreek: after)
대개 황색결정으로 특유의 자극성이 있으며, 수증기와 함께 증류된다.
협의로는 p-벤조퀴론을 간단히 퀴논이라고 한다.

---

* 탄화수소(hydrocabon)
탄소와 수소만으로 이루어진 화합물의 총칭이다. 모든 유기화합물의 기본이 되기도 하며, 천연으로는 석유나 천연가스, 고무나 테르펜 등의 속에 들어 있다.
- 사슬탄화수소: 탄소사슬은 노말사슬인 경우와 곁사슬을 갖는 경우도 있다.
- 파라핀계(메탄계, $C_nH_{2n}+2$)
- 올레핀계(에틸렌계, C_nH_{2n})
- 아세틸렌계(C_nH_{2n-2})
- 고리탄화수소(지방족탄화수소): 비벤젠계열 방향족화합물에 속하는 것도 적지 않다.

1-2. 포화탄화수소

1) 알케인(Alkane)

일반적 성질

◦ 일반식

C_nH_{2n+2}

◦ 이름

접미사에만 에인(ane)으로 끝난다.

◦ 녹는점, 끓는점

탄소의 수가 많을수록 또는 분자량이 커질수록 분자 간 인력이 커져서 높아진다.

◦ 원자간결합

단일결합으로서 결합각은 109.5°이다.

◦ 반응

화학적으로 안정하여 반응하기 어려우나, 할로겐 원소와 치환반응을 한다.

* 알케인의 동족체

이름	분자식	녹는점 (0℃)	끓는점 (0℃)	이성질체수	물질의 상 (상온)
메탄	CH_4	-183	-161	1	기체
에탄	C_2H_6	-184	-89	1	기체
프로판	C_3H_8	-188	-42	1	기체
n-부탄	C_4H_{10}	-138	-0.5	2	기체
n-펜탄	C_5H_{12}	-130	-36	3	액체
n-헥산	C_6H_{14}	-95	69	5	액체
n-헵탄	C_7H_{16}	-91	98	9	액체
n-헥사데칸	$C_{16}H_{34}$	18	28	-	액체
n-옥타데칸	$C_{18}H_{38}$	28	317	-	고체
n-에어코산	$C_{20}H_{42}$	37	345	-	고체

* 이성질체
분자식은 같으나, 녹는점, 끓는점 등의 성질이 다른 화합물로서 부탄(C_4H_{10})은 탄소원자가 한 줄로 연결된 사슬모양과 가지가 달린 사슬모양이 있다.

n - 부탄
m.p - 138.4℃
b.p - 0.5℃

iso - 부탄
m.p - 159.6℃
b.p - 11.6℃

* 구조이성질체

분자식은 같으나, 구조식이 달라 성질이 다른 화합물로서 탄소의 구조에 따라 노말(n-), 아이소 (iso-), 네오(neo-)를 이름 앞에 붙인다.

- 펜탄의 이성질체

n - 펜탄   iso - 펜탄   neo - 펜탄

- 치환에 따라

클로로프로판   2-클로로프로판

2) 사이클로 알케인(Cycloalkane)

일반적 성질

◦ 일반식

CnH_{2n}, 6개의 탄소원자로서 그 결합각은 메탄과 같이 109.5°이다.

◦ 원자간결합

단일결합으로서 고리모양 구조를 갖는다.

◦ 구조 의자 모양과 배모양의 형태로 존재하나 의자모양이 더 안정된다.

사이클로프로판   사이클로부탄   사이클로펜탄   사이클로헥산

3) 석유

여러 가지 탄화수소들의 혼합물로서 원류를 분별 증류하면 끓는점에 따라 여러 가지 성분으로 분리된다.

° 액화석유가스(LPG)

- 프로판, 부탄 등의 혼합물이다.

- 기체를 액화시킨 것으로 가정용, 공업용 원료로 사용된다.

° 액화천연가스(LNG)

- 메탄을 액화시킨 것이다.

- 유전지에서 분출되는 가스이다.

° 나프타 열분해나 리포밍에 의해 다양한 석유화학공업의 원료로 제공된다.

사슬모양

불포화탄화수소

· 알킨(alkene)

$C=C$

(C_nH_{2n})

· 알카인(alkyne)

$—C≡C—$

(C_nH_{2n-2})

1-3. 불포화탄화수소

탄소원자 사이에 이중 또는 삼중결합을 가진 탄화수소이다.

알킨명명법(IUPA name)

° 이중결합은 "-엔"으로 표기되지만, 이중결합을 직접적으로 의미하지 않는 화합물은 "-인"으로 표기된다.

° 예

- 에텐(C_2H_4)

- 프로펜(C_3H_6)

1) 알킨(Alkene)

일반적 성질

° 일반식

C_nH_{2n}, 에틸린계 탄화수소이다.

° 이름

접미사 인(ene)으로 끝난다.

° 원자간결합

탄소원자 사이에 이중결합(C=C) 1개가 존재한다.

° 구조

이중결합을 하는 탄소원자 주위의 모든 원자는 동일평면상에 존재한다.

° 반응

이중결합 중 하나가 끊어져 첨가반응을 한다.

° 검출

불포화탄화수소는 첨가반응을 잘하므로 브롬(Br_2)을 반응시키면 브롬의 적갈색이 없어진다.

$$CH_2=CH_2 \ + \ Br_2 \ \xrightarrow{\text{첨가반응}} \ CH_2BrCH_2Br$$

〈에텐의 첨가반응〉

- 알킨의 동족체

n	분자식	시성식	이름	녹는점 (0℃)	끓는점 (0℃)
2	C_2H_4	$CH_2=CH_2$	에텐 (에틸렌)	-169	-14.0
3	C_3H_6	$CH_2=CHCH_3$	프로펜 (프로필렌)	-185.2	-47.0
4	C_4H_8	$CH_2=CHCH_2CH_3$	부펜 (부틸렌)	–	-6.3
5	C_5H_{10}	$CH_2=CHCH_2CH_2CH_3$	펜텐 (펜틸렌)	–	-30

- 기하이성질체 분자 내 같은 원자나 원자단의 상대적 위치 차이로 생기는 이성질체이다.
- cis형: 이중결합을 사이에 두고 같은 종류의 원자나 원자단이 동일한 방향으로 있다.
- trans형: 이중결합을 사이에 두고 같은 종류의 원자나 원자단이 반대쪽 방향으로 있다.

2) 알카인(Alkyne)

일반적 성질

- 일반식

C_nH_{2n-2}, 아세틸렌계 탄화수소라고도 한다.

- 이름

접미사 아인(-yne)으로 끝난다.

- 결합

탄소원자 사이에 삼중결합이 1개 존재한다.

- 반응

삼중결합 중 1개나 2개의 결합이 끊어져 첨가반응을 한다.

$$H-C\equiv C-H \xrightarrow[\text{Ni}]{+H_2} \quad \underset{H}{\overset{H}{C}}=\underset{H}{\overset{H}{C}} \xrightarrow[\text{Ni}]{+H_2} \quad H-\underset{H}{\overset{H}{C}}-\underset{H}{\overset{H}{C}}-H$$

〈에틴의 수소첨가반응〉

◦ 알카인의 동족체

n	분자식	시성식	이름	녹는점 (0℃)	끓는점 (0℃)
2	C_2H_2	CH≡CH	에틴 (아세틸렌)	-81.8	-83.6
3	C_3H_4	CH≡C-CH₃	프로핀 (메틸아세틸렌)	–	-23
4	C_4H_8	CH≡C-CH₂CH₃	부틴 (에틸아세틸렌)	–	-18

1-4. 방향족탄화수소

분자 내에 벤젠고리를 포함한 화합물은 냄새가 나는 것이 많으므로 방향족 탄화수소라하며, 주로 콜타르에 많이 포함되어 있다. 콜타르는 석탄에 공기를 차단하고 가열하면 생성되나, 여러 가지 유기화합물들과의 혼합물로서 상당량 유리탄소를 함유한다. 이러한 방향족탄화수소는 석탄과 석유로부터 추출된다.

* 방향족(Aromatic)
• 유기화학 초기에는 체리, 복숭아, 아몬드(benzaldehyde)로부터 톨루발삼(toluene) 등과 같은 향기를 내는 물질을 기술하는 데 사용되었다. 19세기 초기 화학자들에게 일대 수정이 가해짐으로써 방향족성과 향기는 화학적인 차이가 존재한다는 사실이 알려졌다.
• 오늘날은 벤젠 그리고 벤젠과 구조적으로 관계있는 화합물들에 적용하여 사용되고 있다.
• 벤젠, 벤즈알데하이드 및 톨루엔과 더불어 여성의 스테로이드계 호르몬인 에스트론(estrone)과 진정제(downer), 진통제(morphin) 등은 복잡한 화합물로서 방향족 고리를 가지고 있다.
• 벤젠에 오래 노출될 경우 골수의 기능저하를 초래하므로 결과적으로 백혈구 감소증의 원인이 된다. 따라서 용매로 벤젠의 사용은 피해야 한다.

<벤젠>　　<벤즈알데하이드>　　<톨루엔>　　<에스트론>

1) 석탄(Coal)

식물이 땅 속에 매몰되어 장기간 물리적, 화학적 작용을 받아 생성되는 석탄은 주로 탄소질로 이루어진 암석모양의 가연성물질이다. 진공상태에서 1,000℃로 가열하면, 석탄분자들 간에 열분해를 일으킬 때 이를 증류하여 콜타르(coaltar)라는 휘발성 혼합생성물을 얻는다.

2) 석유(Petroleum)

수억만 년 전 해저의 유기물질이 분해되어 생긴 천연가스나 축적된 석유이다. 주로 메테인(methane)으로서 약간의 방향족화합물과 함께 대부분 알케인으로 구성되어 있다. 또한 복잡한 탄화수소화합물이기 때문에 사용하기 전에 각기 다른 분획들로 정제하여 사용된다.

- 알케인(alkane)

parum affinis에서 유래됨으로 파라핀(paraffin)이라 부르기도 한다. 다른 분자들과의 화학적 친화력이 적어 유기화학에서 사용되는 시약보다 화학적으로 비활성이기 때문에 산소, 염소 및 몇 가지 화합물과 반응한다.

- 알케인과 산소와의 반응

$$CH_4 + 2O_2 \rightarrow CO_2 + 2H_2O + 213kcal/mol$$

- 알케인과 염소와의 반응

$$CH_4 + Cl_2 \rightarrow CH_3Cl + HCl \xrightarrow{Cl_2} CH_2Cl_2 + HCl \xrightarrow{Cl_2} CHCl_3 + HCl \xrightarrow{Cl_2} CCl_4 + HCl$$

석탄의 유도산물
석탄 $\xrightarrow{열분해(1,000℃)}$
콜타르 $\xrightarrow{분별종류}$
벤젠, 톨루엔, 자일렌
(dimethylbenzene),
나프탈렌 등의 물질생성

콜타르에 들어 있는 몇 가지
방향족 탄화수소

benzene   toluene   xylene

Indole   Anthracene

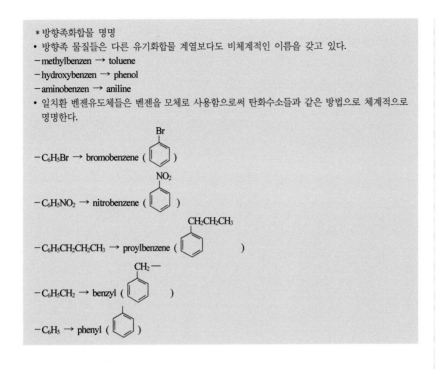

* 방향족화합물 명명
* 방향족 물질들은 다른 유기화합물 계열보다도 비체계적인 이름을 갖고 있다.
  - methylbenzen → toluene
  - hydroxybenzen → phenol
  - aminobenzen → aniline
* 일치환 벤젠유도체들은 벤젠을 모체로 사용함으로써 탄화수소들과 같은 방법으로 체계적으로 명명한다.

  - C_6H_5Br → bromobenzene (   )
  - $C_6H_5NO_2$ → nitrobenzene (   )
  - $C_6H_5CH_2CH_2CH_3$ → proylbenzene (   )
  - $C_6H_5CH_2$ → benzyl (   )
  - C_6H_5 → phenyl (   )

3) 벤젠(Benzen)

1865년 케쿨레(kekule, A)에 의해 제안, 6개의 탄소원자가 육각형의 고리 모양을 이루고 이중결합과 단일결합이 하나씩 교대로 있는 구조이나 고정 된 것이 아닌 모든 결합이 1.5결합으로서 탄소원자의 원자가 전자 4개 중 3 개는 단일결합을 형성하고 나머지 1개는 모든 탄소원자 사이를 자유로이 다 닌다. 이러한 구조를 공명구조라고 하며 매우 안정되어 있다.

벤젠핵의 공명과 표시방법

벤젠의 치환반응(프리델 – 크라프트반응)

벤젠은 불포화탄화수소이지만 공명혼성 구조로서 안정하기 때문에 첨가 반응보다는 치환반응이 잘 일어난다.

◦ 할로겐화(hologenation)

－철(Fe) 촉매 존재 하에서 염소(Cl)와 반응한다(클로로벤젠).

$$\text{C}_6\text{H}_5\text{—H} + \text{Cl—Cl} \xrightarrow{\text{Fe}} \text{C}_6\text{H}_5\text{—Cl} + \text{HCl}$$

◦ 니트로화(nitrotion)

－진한 황산(H_2SO_4)의 존재 하에 진한 질산(HNO_2)을 작용시키면 니트로벤젠이 생긴다.

$$\text{C}_6\text{H}_5\text{—H} + \text{HO—HO}_2 \xrightarrow{\text{conc}-H_2So_3} \text{C}_6\text{H}_5\text{—NO}_2 + \text{H}_2\text{O}$$

◦ 설폰화(sulfonation)

－진한 황산과 반응하여 벤젠설폰산이 생긴다.

$$\text{C}_6\text{H}_5\text{—H} + \text{HO—SO}_3\text{H} \xrightarrow{\text{SO}_3} \text{C}_6\text{H}_5\text{—SO}_3\text{H} + \text{H}_2\text{O}$$

◦ 알킬화반응(alkylation)

－벤젠에 무수염화알루미늄($Alcl_3$) 촉매 하에서 할로겐화알킬(RX)을 작용시키면 알킬기가 치환되어 알킬벤젠(C_6H_5R)이 생긴다.

$$\text{C}_6\text{H}_5\text{—H} + \text{CH}_3\text{—Cl} \xrightarrow{\text{AlCl}_3} \text{C}_6\text{H}_5\text{—CH}_3 + \text{HCl}$$

벤젠의 첨가반응

벤젠에서의 첨가반응은 형성되기 어려워 특수한 촉매를 사용하여 반응시킨다.

◦ 수소첨가

$$\text{C}_6\text{H}_6 + 3\text{H}_2 \xrightarrow[\text{300℃}]{\text{Ni}}$$

◦ 염소첨가

$$\text{C}_6\text{H}_6 + 3\text{Cl}_2 \xrightarrow{\text{hv}}$$

벤젠헥사클로라이트

∘ 퀴논(quinone)

· 방향족 탄화수소 속에 있는 벤젠핵 수소원자 2개를 산소원자 2개로 치환한 구조인 다이카보닐화합물의 총칭이다.

· 다이하이드로 유도체 2개의 H_2를 각각 O로 치환한 유도체이다.

− 오쏘퀴론(ortho quinone): 오쏘의 위치에서 치환된 것으로 적색 또는 황색의 결정으로 냄새가 없고 수증 증류도 되지 않는다.

− 파라퀴론(para quinone): 파라의 위치에서 치환된 것으로 황색결정으로 특유의 자극성이 있으며, 수증기와 함께 증류된다.

● 요약

1. 탄소화합물

탄소와 수소로 이루어진 화합물로서 분자 내 수소의 포화도에 따라 포화 또는 불포화탄화수소로 나누며, 결합형태에 따라 사슬모양, 고리모양 탄화수소로 나눈다. 녹는점, 끓는점이 낮고, 반응속도 또한 느리나 유기용매에 잘 녹는 공유결합물질이다.

2. 지방족 탄화수소

2-1. 지방족 탄화수소 = 고리탄화수소
 · 알케인(alkane) C_nH_{2n+2}, 단일결합(CH_3-CH_3), 사슬모양, 입체구조

 · 사이클로알케인(Cycloalkane)C_nH_{2n}, 고리모양( )

 · 알킨(alkene)C_nH_{2n}, 이중결합 1개($CH_2=CH$)

 · 알카인(alkyne)C_nH_{2n-2}, 삼중결합($CH≡CH$)

2-2. 지방족 탄화수소의 유도체
 · 알코올(alchol)
   R - OH
 · 알데하이드(aldehyde)
   R - CHO
 · 이써(ether)
   R - O - R'
 · 키톤(Keton)
   R - COOH
 · 카복실산(carboxylic acid)
   R - COOH
 · 에스테(esther)
   R - COO - R'

3. 방향족화합물

탄소-탄소결합이 불포화결합을 이룬 고리모양 화합물로서, 분자 내에 벤젠고리(C_6H_6)를 포함하는 탄화수소는 모두 방향족탄화수소에 속한다.
 · 벤젠(benzen)
 정육각형 평면구조, 공명혼성구조, 첨가반응보다 치환반응
 · 벤젠 이외 방향족 탄화수소
 톨루엔(tpluene), 크실렌(xylene), 나프탈렌(naphthalene), 안트라센(antracane) 등
 · 방향족 탄화수소의 유도체

－페놀(phenl, C_6H_5OH): 산성, $FeCl_3$, 수용액과 정색반응 시 적자색

: 카복실산과 에스테화반응 RCOOR'＋H_2O

$$ROOH + R'OH \underset{hydrolysis}{\overset{ester}{\rightleftarrows}} RCOOR' + $$

－방향족 카복실산: 산성, 알코올과 에스테화반응
－아닐린(aniline, $C_6H_5NH_2$): 니트로벤젠을 환원시켜서 얻음.

4. 고분자화합물

결정이 되기 어려우며, 녹는점이 일정하지 않음. 열가소성(사슬구조)과 열경화성(그물구조), 수지 등이다.
· 합성고분자 화합물
  －첨가중합: 첨가반응에 의한 중합
  －축합중합: 축합반응에 의한 중합
  －혼성중합: 두 단위체가 교대로 첨가중합
· 천연고분자 화합물
  －녹말: α－포도당의 축합중합체
  －단백질: α－아미노산의 축합중합체(polypeptide bond)

● 연습 및 탐구문제

1. 탄소화합물을 탄소의 결합(단일 또는 이중)인 탄화수소분류를 이해하고 설명해 보시오.

포화탄화수소(단일결합)
　　사슬모양 － 알케인(C_nH_{2n+2})
　　고리모양 － 사이클로알케인(C_nHI)
불포화탄화수소(이중결합)
　　사슬모양 － 알킨(C_nH_{2n}) － 이중결합
　　　　　　알카인(C_nH_{2n-2}) － 삼중결합
　　고리모양 － 방향족

2. 탄소화합물의 물질명은 그리스어의 수사이다. 아래 표를 설명하시오.

수	1	2	3	4	5	6	7	8	9	10
수를 셀 때	mono	di(bi)	tri	tetra	penta	hexa	hepta	octa	nona	deca
물질이름	meta	etha	propa	buta	penta	hexa	hepta	octa	nona	deca

3. 불포화탄화수소인 벤젠핵의 공명과 표시방법 내용순서 중 빠져 있는 공명혼성 구조를 채우고 설명하시오.

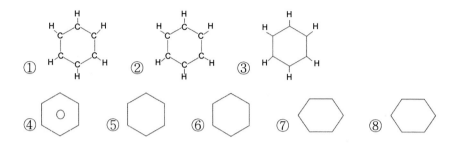

4. 방향족 구조 내의 길이를 쓰시오.

5. 방향족 화합물의 관용명을 쓰시오.

6. 벤젠은 불포화탄화수소이지만, (   )혼성구조로 안정하기 때문에 첨가반응보다는 (   )반응이 잘 일어난다.

7. 공명구조에 대해 설명하시오(150자 이내로).

Chapter 02

염색 이론
(Dyeing theory)

● 개요

한국, 중국, 일본, 타이 등 아시아 동부 여러 나라인 극동부의 어두운 블루-블랙(dark, blue-black)에서 가장 창백하게 밝은 스칸디나비아 반도의 금발에 이르기까지 사람들의 모발색은 굉장히 다양하나 일반적으로 1~10 단계의 범주를 가진다. 인종 단위에서 개개인들은 그들 자신의 고유한 모발 색상(shading)에 만족치 않아 왔다. 이는 염료의 유행을 통해서도 알 수 있듯이 인류 초기 모발 염료(hair colorants)는 천연 식물에서 추출됨으로써 다양한 염료가 생산되지 못하였다.

미용관리에 대한 끊임없는 욕구 또한 색상 변화를 요구하는 소비자들을 폭넓은 연령으로 확대시켰다. 따라서 염모 제조회사나 판매인에 이르기까지 미래 경향을 만족시키고자 하는 염모제 시장의 새로운 상품 개발이 끊임없이 연구되고 있다. 반응성 화장품인 모발 염모제는 구성성분에 있어서 인체에 유해가 되는 물질이나 시중에서 손쉽게 구입할 수 있다. 그러므로 임상실습 이전에 반드시 메커니즘으로서 기작인 모발에 관한 생화학과 염료에 관한 유기화학의 위해가 학습되어져야 한다.

이 장에서는 염색을 구성하는 3가지 요소 중 하나인 모발색과 그에 따른 기전을 통해 모발의 생화학적 부분을 먼저 지식기반으로 한 후 시술 시 요구되는 인공 모발색의 위해 관계를 나누어 제시하고자 한다.

첫째, 모발의 색은 모피질에 함유되어 있는 멜라닌 색소량에 따라 결정됨과 함께 색조모발(pigment hair)의 형성과

둘째, 생화학적 모발색의 기작으로서 색소형성세포는 타이로시나제를 함유하고 있어 적혈구가 공급하는 타이로신을 원료로 하여 멜라닌 색소과립(유, 페오)을 만들어 내는 생합성 과정을 다루고

셋째, 염모제는 반응성 화장품으로서 인공색소를 주원료로 포함하고 인공색소로서 인체 적용 시 제반 위해 관계가 형성되는 순으로 살펴보고자 한다.

● 학습목표

1. 모피질 내 모발색(melano protein)의 과정을 설명할 수 있다.
2. 모발색의 발현에 따른 생화학적 과정으로서 색소형성세포 내 멜라닌 종류, 크기, 농도, 형태 등으로 분류하여 설명할 수 있다.
3. 유멜라닌의 생합성 과정을 기전으로 구조화하여 경로를 설명할 수 있다.
4. 페오멜라닌의 생합성과정을 기전으로 구조화하여 경로를 설명할 수 있다.
5. 반응성화장품인 염탈색제의 인체 적용에 대해 이해하고 그룹을 나누어 토론할 수 있다.

● 주요 용어

모발색, 기여색소, 멜라닌과립, 유멜라닌, 페오멜라닌, 생합성, 반응성화장품, 위해

Chapter 02
염색 이론

2-1. 모발색

> *색소 형성은 멜라닌 생성과정의 여러 단계를 나타내는 것으로서 우선 노란 색소가 형성되고 그 다음에 어떤 효소가 노란 색소를 붉은 색소로 변화시키며 다른 효소가 그 붉은 색소를 검정 색소로 변화시키게 된다. 모든 사람들이 멜라닌 과립을 이렇게 전체적인 색분광에 따라 바꿀 수 있는 능력을 갖춘 것이 아니듯이 어떤 사람들은 검정 색소만을 만들어 낸다. 이들은 검정색소를 얼마나 생성해 내는가에 따라 짙은 갈색이 포함된 검정모발을 지니게 된다. 또 다른 사람들은 오직 붉은 색소나 노랑 색소만을 생성할 수 있기 때문에 금발이나 붉은 모발을 가지게 된다.

모발 중 우리가 눈으로 볼 수 있는 제3의 영역인 모간은 모표피, 모피질, 모수질로 구성되어 있다. 모수질을 감싸고 있는 모피질은 모발에서 가장 두꺼운 부분(80~90%)으로서 멜라닌이라는 자연색소 물질인 색소과립을 포함하고 있다. 색소과립은 멜라노사이트 내의 소기관인 멜라노좀에서 합성되며, 멜라노좀의 합성에 의해서 멜라노사이트의 수지상돌기를 통하여 주위의 각질형성세포(keratinocyte)로 전송된다. 최초에 멜라노좀의 골격이 형성될 때 그 골격에 타이로시나제 효소가 작용을 함으로써 멜라닌의 생합성이 행해진다.

> *이러한 화학물질인 효소의 작용에 의해 보다 가속화 되는 결합과정이 알려져 있다. 각 화학물질인 아미노산은 각각의 역할을 하나 이 중 특히 색상에 관계되는 타이로신을 원료로 하여 형성되는 흑멜라닌, 적멜라닌, 혼합멜라닌 과립 등을 형성한다. 형성된 멜라닌의 유형과 분포량 등의 요인에 의해 사람마다 독특한 모발색을 드러낸다. 다시 말해 멜라닌의 유형과 과립의 크기에 따른 흑색, 적색, 금발 등의 다양한 모발 색상은 모발의 두께, 색소과립의 총 개수와 크기를 나타내는 농도, 유멜라닌과 페오멜라닌의 비율 등으로서 모발색을 결정하는 3가지 요인으로 작용된다.

멜라닌 함유량에 의해서 모발색은 결정된다.
- 두 종류 멜라닌의 총량과 개별적 또는 혼합된 유멜라닌과 페오멜라닌의 비율로서 사람마다 각기 다른 결과색을 나타낸다.
- 어두운 모발은 밝은 모발보다 상당히 많은 멜라닌을 함유하고 있다.

- 모발은 모발을 구성하는 물질 중 총 **4%**에 이르기까지 함유하고 있다.
- 모발 내에서의 색 분포 밀도는 유멜라닌 색소 입자의 크기에 의해 결정 된다.
- 붉은 모발은 색소분자가 아주 작으며 불규칙한 모양으로 형성되어 있 기 때문에 발산되는 색으로 보인다.
- 우리들의 눈을 통해 보이는 색은 색소를 스스로 발현시키는 색원물질 때문임이 명확함에도 불구하고 모발색의 대부분은 밝게 흩어져 있는 색소입자에 기인하는 것 같다.

나이 또한 모발색을 결정시키는 결정적 요인이다.

나이가 듦에 따라 모발은 멜라닌 색소의 결핍으로 인하여 회색이 되어 간 다. 백모는 도파퀴논에서 그 작용을 멈추므로 모발이 각화되어 위로 밀려 올라가면서 백모, 즉 새치로서 '타이로시나제' 효소를 만들지 못하기 때문에 산화작용이 이루어지지 못한 상태이다.

2-2. 모발색의 기작(Mechanism of natural hair's color)

* 천연색소는 항상 단백질성 물질로 결합되어 있어 모든 용매체계에서 녹지 않는 일반적으로 처리 하기 어려운 고체들로 개별 분리가 어려운 반면에 유기화합물에는 불완전하다. 흑갈색의 모발을 H_2O_2로 탈색시켰을 때 색상이 약간 붉게 보이는 것은 바로 유멜라닌이 먼저 파괴되고 페오멜라 닌이 남아 있기 때문이다.

- 멜라닌은 물에 용해되지 않는 색소 단백질로서 모발에 색상을 부여한다.
- 유멜라닌은 비교적 크기가 크고 화학적으로 쉽게 파괴될 수 있는 데 반 하여 페오멜라닌은 비교적 크기가 작고 화학적으로 안정된 구조를 하 고 있다.
- 멜라닌 과립은 색소를 생성시키는 세포에서 발견되는 '특정 효소(tyrosinase)' 의 조절을 받으면서 자연적으로 생성되는 단백질을 복잡하게 변형시킴으로 써 구성한다.

∘ 멜라닌 색소를 생성시키는 색소세포는 흑색종 세포로 유일한 생화학적
　과정(melano- genesis)을 수행함으로써 색소과립을 만들어 낸다.
∘ 모발 색소 원료인 타이로신은 타이로시나제의 산화 효소작용에 의해 도
　파가 형성되며 도파는 도파퀴논이 된다.

이러한 단계에서 타이로시나제가 관여하며, 그 후의 반응은 자동산화로
진행된다. 생체 내에서 멜라닌이 타이로신으로부터 페오멜라닌과 유멜라닌
이 합성되는 경로는 아래와 같다.

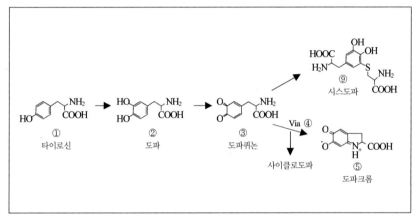

【그림 2-1】 멜라닌 발생의 전 단계

 벤젠고리치환

대개 황색결정으로 특유의 자극성이 있으며, 수증기와 함께 증류된다. 협의로는 p-벤조퀴론을 간단히 퀴논이라고 한다. O-quinone은 적색 또는 황색의 결정으로 냄새가 없고 수증기증류도 되지 않는다.
· para - 벤젠고리의 1, 4의 위치(beyond)
· ortho - 벤젠고리의 1, 2의 위치(straight)
· meta - 벤젠고리의 1, 3의 위치(after)

* <그림 2-1>에서와 같이 유멜라닌과 페오멜라닌은 타이로신에서 도파퀴논까지의 반응경로는 같지만, 도파퀴논은 두 가지 경로로 반응이 진행된다. 도파크롬, 5,6-다이하이드록시인돌이라고 하는 경로를 거친 흑갈색의 유멜라닌을 생성하는 경로와 도파퀴논이 케라틴 단백질에 존재하는 시스테인과 결합한 후 적갈색의 페오멜라닌을 생성하는 등의 2가지 경로가 있다. 즉 효소작용 과정이 벤젠기에서 치환과정을 거침으로써 환원(-OH)되고 산화(O)되는 일련의 반응을 나타냄으로써 색을 발현시킨다.

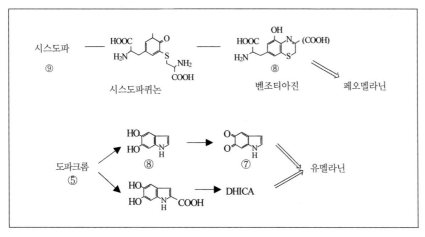

【그림 2-2】 멜라닌 발생의 후 단계

*<그림 2-2>에서와 같이 도파퀴논에서 시스테인과 결합되는 페오멜라닌의 형성은 5-S 또는 2-S-
시스테닐도파(5SCD or 2SCD)을 거쳐, 생합성 안에서 설프하이드릴(-SH) 화합물인 글루타티온
또는 시스테인의 개입을 유도시킴으로 인해 노랑과 빨간 색소를 생성한다. 유멜라닌은 갈색-검
정색소를 띠며, 도파퀴논에서 5,6-다이하이드록시인돌(5,6DHI)를 거쳐 그다음에는 자동산화과정
에 의해 빠르게 전환된다. 이러한 멜라닌 색소 과립 생성은 고도로 분화된 세포 소기관인 멜라노
좀(melanosome)에서 일어난다.

1) 유멜라닌(Eumelanin)

천연 모발색소인 유멜라닌은 다양한 어두운 색의 총칭이다. 이 색소는 일
반적으로는 처리하기 어려운 고체형으로서 대부분의 용매조직에 잘 녹지
않는 불용성이나 어떤 물질에는 종종 불완전하기도 하다.

멜라닌은 단백질성 물질인 케라틴에 결합된 성숙모(mature hair)로서 멜라
닌 색소 자체로만 분리하는 데 어려움이 따른다. 이러한 유멜라닌은 타이로
신을 전구체로 시작하여 효소에 의해 그 자신이 스스로 유도된 5,6-다이하이
드록시인돌(HO⟨⟩N H)에서 나온 중합체 색소로서 인돌 단위를 형성한다.

생합성(biosynthesis)

<그림 2-1, 2-2>에서 보여 주듯이 일반적 용어로 타이로신은 처음에 5,6-
다이하이드록시페닐알라닌(② DOPA)에서 수산화되고, 도파퀴논(③)은 루코
도파크롬(④ 사이클로도파)과 또 다른 산화작용의 순환에 따라서 도파크롬
으로 산화된다. 도파퀴논의 산화작용은 도파크롬(⑤)으로 생성시키며 도파

크롬의 카보닐화 탈락은 5,6-다이하이드록시인돌(⑥ 5,6-DHI)을 생성시킨다. 5,6-DHI의 산화작용은 퀴논인돌(⑦)을 생성한다. 따라서 몇몇의 작은 중합 단계를 거치는 퀴논과정 촉매제로서의 효소 타이로시나제에 의해 형성됨을 나타낸다. 유멜라닌 생합성에 대한 공식을 <그림 2-3>으로 간략화해 보았다.

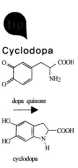

tip

Cyclodopa

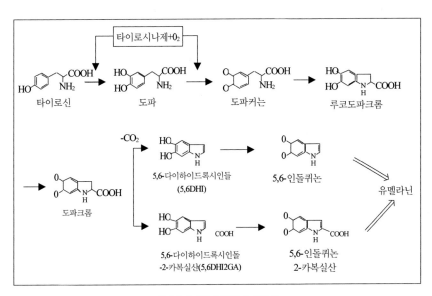

【그림 2-3】 유멜라닌 생합성

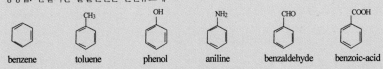

* 벤젠의 유도체
• 벤젠고리에 치환된 2개의 치환기 중 하나가 tolune, phenol, aniline과 같이 특별한 이름을 가질 때 이 화합물을 모체분자(parent molecule)의 유도체로 명명한다.
– 명명법: 단일치환 알킬벤젠은 벤젠유도체

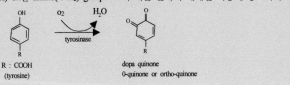

• O-quinone의 가장 주목할 만한 특징 중의 하나는 분자(원자)에 따라서 손쉬운 반응을 받을 수 있다. 이를테면 thiol(-SH) 또는 amino($-NH_2$) group으로서 이는 분자의 재배열 기능에 중요하다.

2) 페오멜라닌(Pheomelanin)

붉은색과 노란색 계열로서 주로 모발과 새의 깃털을 관장하는 페오멜라닌은 수용성 또는 수용성 알 칼리 계통에 대해 용해되는 성질이 있다. 페오멜라닌은 화학적 분석 결과 1:2 정도의 황과 질소의 비율을 갖고 있는 색소과립이다. 이는 <그림 2-2>의 ⑧과 같이 벤조티아진 단위를 포함함으로써 이를 제시하기도 한다. 페오멜라닌은 화학적 그리고 광화학에 의한 탈색작용에서도 유멜라닌보다 더 안정적이다.

생합성

페오멜라닌은 <그림 2-1, 2-2>에서 보이듯이 도파퀴논(③)은 아미노산인 시스테인과 반응하여 시스테닐도파(⑨)로 생성된다. 시스테닐도파는 여러 가지로 1,4-벤조티아진으로 순환된다. 이러한 경로는 시스테닐도파와 도파의 반응에 의해서 혼합 멜라닌이 형성되며, 시스테인 또는 다른 싸이올(-S)의 존재는 유멜라닌에서 페오멜라닌 형태로의 변화를 가져다주는 자연발생적 과정을 일으킨다.

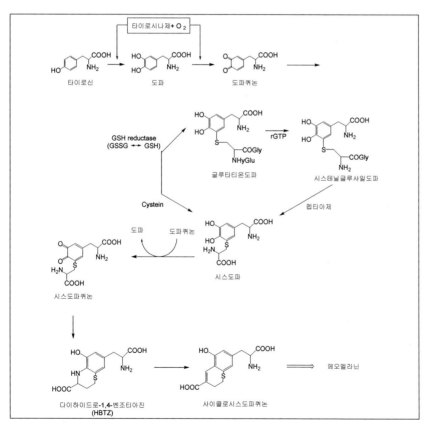

【그림 2-4】 페오멜라닌의 생합성 경로

1. 모발색(natural hair color)
   백발(gray hair)은 색소의 이상현상으로서 모발의 색은 모피질(only in the cortex)에 함유되어 있는 멜라닌의 색소량에 따라 색조모발(pigment hair)이 결정된다.
2. 모유두에 접해 있는 색소형성세포는 주위에 수지상돌기를 통해 멜라닌 과립을 분출한다. 과립색소는 뇌하수체중엽의 멜라닌 색소 자극호르몬(MSH)을 분비시킴으로써 색소형성세포의 타이로시나제는 타이로신을 산화·중합하여 DOPA를 만들고 중합이 거듭되면서 DOPA-chromium을 거쳐 만들어진다. 이와 같이 모발의 산화염색반응은 모발에서의 중합(결합)반응의 한 예이다. 이 반응에서는 방향족 아민과 페놀모노머(phenolmonoer)가 산화중합하고 또한 모발중의 아미노산 잔기와 결합한다.
3. 동양인의 모발은 유멜라닌(eumelanin or granular pigments)이 페오멜라닌보다 많다. 이는 유멜라닌 또는 입자형 색소로서 흑색에서 적자색까지의 어두운 모발색을 띠므로 모발색상이 어두워 보인다. 이는 비교적 크기가 크고 화학적으로 쉽게 파괴될 수 있다.
4. 서양인의 모발은 페오멜라닌 또는 분사형색소(pheomelanin or diffuse pigments)로서 적색에서 노란색까지의 밝은 색을 띤다. 이는 시스테인 함량이 많은 모발에 페오멜라닌이 많이 존재하며 비교적 크기가 작고 화학적으로 안정된 구조를 하고 있다. 멜라닌 과립은 난(卵)형 또는 구형의 과립으로 장축의 길이 0.2~0.8μ 범위의 철을 함유함으로서 트라코시데린이라고도하며, 멜라닌의 유형과 분포량에 따른 정도 등에 의해 모발의 밝기를 결정시킨다. 즉 멜라닌의 유형과 과립의 크기에 따른 흑색·적색·금발 등의 다양한 모발색상을 결정한다.
5. 멜라닌 색소의 생합성(melanosome concept)은 최초에 멜라노좀의 골격이 형성, 그 골격에 타이로시나제가 먼저 배열되고 타이로신을 산화하여 도파(3,4-dihydroxyphenylalanine)로 다시 산화하여 도파퀴논(dopa-quinone)이 생성되는 단계에서 타이로시나제라는 산화효소가 관여한다. 그 후의 반응은 효소의 존재보다 더 가속화되는 자동 산화적으로 진행된다.

2-3. 반응성 화장품의 위해

때때로 두개피부 및 두발 보호제품과 미용제품에서 몇 가지의 위험한 화학제품을 발견했다. 다음 표는 각 화학제품으로 인해 일어날 수 있는 건강상 영향을 살펴보고, 작업자의 유해는 제품 안에 있는 화학제품의 양과 그것이 독성인지, 노출된 시간, 화학제품이 어떻게 인체에 유입되었는지, 개인적 민감성과 다른 요소 등에 대해서 살펴보자.

【표 2-1】 반응성 화장품의 위해

제품	포함된 화학물질	일어날 수 있는 건강 영향들	인체 유입과정	감염으로부터 보호방법
탈색제	알코올 (에틸, 아이소프로필)	눈, 코, 목, 폐 자극 중추신경 계통 영향 피부자극과 피부염	· 제품을 혼합(1제와 2 액)할 때 · 고객모발에 도포할 때 · 샴푸 시	· 항상 통풍이 잘되는 장소에서 작업한다. · 제품을 사용하지 않을 때 용기를 닫은 채 보관한다. · 장갑을 착용한다(네오 프렌 또는 고무, 화학 제품용 장갑). · 화학제품을 혼합할 때 안전한 보호안경을 착용한다.
	수산화암모늄 (Ammonium hydroxides)	-눈, 코 목, 폐 자극 피부와 눈이 붉어짐. -피부자극과 피부염		
	과황화암모늄 (Ammonium persulfate) 과황화칼륨 (potassium persulfate)	-눈 자극 -피부자극과 피부염 -알레르기, 천식 포함 -위험한 염증도 일어날 수 있음.		
	과산화수소 (Hydrogen peroxide)	-눈, 코, 목, 폐 자극 -피부와 눈이 붉어짐. -입, 목의 심한 자극과 삼킬 경우 복통		
	과산화나트륨 (Sodium peroxide)	-눈, 코 자극 -피부와 눈이 붉어짐. -피부자극과 피부염		
	아미노페놀 (amino phenols)	-눈, 코, 목, 폐 자극 -피부자극과 피부병 몇몇 사람들은 심한 알레르기		
염모제	콜타르(coal tardyes, 아닐린 유도체 aniline derivatives) 4-methoxy-m-phenylenediamine(4-MMPD) paraphenylendiamine 2-nitro-phenylenediamine 2,4-diaminoaniside diaminoaniside sulfate	-심한 눈자극과 실명이 됨. -피부 자극과 피부염 -몇몇 사람들의 심한 알레르기 반응 -긴 시간 활동하는 동안 피부를 통하여 흡수되면 암이 됨.	· 제품을 혼합(1제와 2 제)할 때 · 고객의 두발에 도포할 때	· 장갑을 착용한다(네오 프렌 또는 고무, 화학 제품용 장갑). · 화학제품을 혼합할 때 안전한 보호안경을 착용한다. · 항상 통풍이 잘 되는 장소에서 작업한다. · 꼭 필요한 적당량만 사용한다.
	과산화수소 (Hydrogen peroxide)	-눈, 코, 목, 폐 자극 -피부와 눈이 붉어짐. -입, 목의 심한 자극과 심키면 복통(위장을 심하게 자극)		
	납 초산염 (Lead acetate, 초산염)	-많은 양을 흡수하면 납중독이 됨. -근육약화, 다리경련, 우울증 등 뇌의 이상		

1) 피부에 대한 탈색제의 반응

◦ H_2O_2와 알칼리 성분이 피부의 습진을 초래하며 눈의 부종(심한 경우 실명)을 유발시킨다.

◦ 부종이 가라앉을 때까지 암실(빛이 들어오지 않는 곳)에서 휴식을 취한다. 빛을 보면 더욱 심각해진다.

◦ 특히 나트륨염의 성분은 탈색의 도포 과정에서 고객이나 시술자에게 아래와 같이 영향을 미칠 수 있다.

  -고객의 피부가 선홍색으로 변화하며 고통을 호소할 수 있다.

- 고객이 천식의 반응(끊임없이 기침 또는 재치기 연발)을 보이며 기절하는 경우가 있으나 15분 정도 지나면 반응이 사라지기도 한다.
- 장갑을 꼭 착용해야 한다(손톱에 용액이 끼어 몸으로 침투할 경우 사망할 수도 있다).
- 피부에 염색 얼룩이 졌을 때 가능한 빨리 제거하고 컬러 리무버(color remove)를 사용하여 얼룩을 제거한다.

주의

○ H₂O₂의 볼륨과 염색 처리 시간을 줄이기 위해 알칼리 재료를 추가해서는 안된다.

- 화장품학의 기본 법칙으로서 제조 회사의 추천 지시서에 따르지 않고 강도 혹은 볼륨의 증가는 모발 손상 또는 두개피부에 화상의 원인이 된다.

○ 제조회사마다 염색제와 과산화수소물의 사용 용량이 다르므로 과산화수소물의 계량에 있어 다른 제품의 눈금에 맞추지 말아야 한다.

○ 과산화수소물의 접촉에 있어 금속성은 피한다.

- 금속은 염모제에 있어서 산화 또한 촉매의 작용을 하므로 반응이 빨리 일어날 수 있다.

2) 모발 염모제에 의한 건강 유해

파라페닐렌다이아민 또는 파라톨루엔다이아민을 전조제(base)로 하는 모발 제품은 고객이나 시술자에게 건강의 유해를 줄 뿐 아니라 모발 자체에도 극도의 손상을 초래한다.

습진

○ 고객에 대한 피부첩포 실험으로 예방할 수 있으나 피부 가려움과 더불어 가장 심각한 알레르기 반응 중에는 호흡곤란이 있다.

○ 해소기침(asthma), 건초열(hayfever)로 고통받고 있는 사람이 반응을 일으킬 가능성이 많다.

- 이런 반응이 나타나면 항히스타민알약(Anti- histamin tables)을 복용시킨다.

복용 후 증상이 완화되지 않을 경우 의사의 지시를 받는다.

◦ 두개피부, 귀 또는 목 등에 발진으로부터 시작하여 수포로 발전(소양증) 한다.

◦ 얼굴의 수포현상은 진피 부위에 작용함으로서 피부가 부풀어져서 나타 나는 현상이다.

◦ 염모제의 알레르기 현상이 태양광선에 의해 반응성이 더 커질 수 있으 므로 태양빛이 들어오지 않는 곳에서 처치해야 한다.

◦ 시술자는 손을 보호하고 관리하기 위해 손전용 크림을 사용 알레르기 없는 고무장갑을 착용함으로써 손의 손상을 줄여야 한다.

◦ 염색 과정 중이거나 이미 시술된 염색모 가운데 스타일링을 위한 과정 에서도 병발이 일어날 수 있다.

  − 손가락의 겉 부분에 발생되는 이러한 습진은 만성이 될 수 있으며 직 업적으로 은퇴한 상태에서도 습진은 습관적으로 계속될 수 있다.

◦ 미용장갑에 의해서도 습진은 악화될 수 있다.

그 외 요인

◦ 감정적 요인은 심한 충격(화재, 사고, 죽음)에 민감한 반응을 보일 수도 있다.

◦ 호르몬 요인은 월경이 끝날 때 다른 요인에 의해 알레르기 현상으로 나 타날 수 있다.

◦ 다른 약의 영향에 의해 설폰아마이드성의 알레르기는 염색제의 알레르 기로 나타날 수 있다.

◦ 미용인에게는 염료 제1액에 의해 알레르기 요인이 될 수 있다.

● 요약

생성과정

① <u>eumelanin</u>

= true(검은색)

tyrosine → DOPA(3,4−dihydroxyphenylalanine) → DOPAquinone → Lecodopachrome → dopachrome → 5,6dihydroxy indole caboxylic acid → 5,6−dihydroxy indole → 5,6−indole quinone ⇒ eumelanin

② <u>pheomelanin</u>

= brown(갈색)

- 색깔: 적갈색

  금발(yollowish−blond), 적황색(ginger), 적색(red) 모발색조를 형성
- 화학적 특성: 알칼리에 용해

  N와 S을 모두 함유(황화합물의 복합체를 의미)
- 생성과정

  tyrosine → DOPA → DOPA−quinone(Sulfhydroxyl group를 가지고 있는 glutathione 이나 cysteine 이 DOPA−quinone과 결합) → cysteinldopa형성 ⇒ pheomelanin(tyrosine은 pheomlanin의 전구물질이지만, tryptophan에서 유도된 O−aminophenol이 존재되어야 한다.)
- 분포: 양, 염소, 사슴의 털과 사람의 적색모에서 분리된다.

  페오멜라닌 색소는 일부 황색과 적색모발 유형에서 발견되는 trichochrome을 포함한다. 트리코크롬은 낮은 분자량을 가지고 있으며, 두 개의 결합으로 된 복합의 benzothianine unit로 구성되어 있다.

dopaquinone

● 연습 및 탐구문제

1. gray hair와 pigment hair를 구분하여 설명하시오.
2. melnano protein에 대하여 모구부내 각질형성세포와 색소형성세포의 구조도를 그린 후 설명하시오.
3. 유멜라닌의 생합성과정의 경로를 도식화하여 설명하시오.
4. 페오멜라닌의 생합성과정의 경로를 도식화하여 설명하시오.
5. 반응성 화장품인 염·탈색제의 위해에 관해 설명하시오.

Chapter 03

모발 색채 이론
(Hair coloring theory)

● 개요

사람의 눈은 사물을 판단할 때 색과 형태에 의해 빛이 눈에 들어옴으로 인해 색지각을 일으킨다. 형태는 음영을 통해 드러난다. 방향이나 빛의 유형에 따라 형태가 다르게 보일 수 있듯 어두운 부분이 입체감을 더 주어 형태를 만드는 데 일익을 한다. color는 빛(색)의 현상이다. 빛이 없다면 디자인요소인 형태, 질감 그리고 컬러를 볼 수 없을 것이다. 명도와 입체감, 질감의 착시현상을 만들어 낼 수 있다.

색의 대표적인 논의는 색원물질로서 빨·노·파는 모발의 유와 페오멜라닌 농도를 결정하며, 색의 3속성인 색상·채도·명도에 대한 색지각(color perception)과 색명의 표색방법 등을 나타낸다. 기본 지식인 색상환(color wheel)을 통해 결과색상의 고유표로서 염모시장의 상품으로 창조된다.

고객의 모발에 사용할 색을 조제하기 시작할 때 색의 법칙은 고려된다. 대부분의 색은 색원물질이 균형 있게 함유함으로써 색을 갖는다. 그럼으로써 모발에 사용할 염료를 배합하기 전에 색이 지닌 지배적인 베이스와 밝기, 어두움의 등급을 인지해야 한다.

이 장에서는 색채이론을 예시로 모발색상이론과 태양광선에 의한 모발색소의 물리작용에 따른 컬러차트의 이해를 살펴본다.

첫째, 색채이론의 빛과 색의 관계로서 모발에서의 색법칙을 이룬다.

둘째, 모발색상은 어디에서 오는 것일까에 대한 모발색상 이론은 개개인의 유전적 요인과 환경에 따라 다양하게 드러난다. 이는 자연 모발색의 기여색소로서 같은 종류의 염모제로서 같은 방법 혹은 다른 방법의 시술에 의한다 해도 고객에 따라 결과가 달라지는 색상의 범주를 형성시킨다.

셋째, 다양한 범주의 어둡거나, 중간색 또는 밝은 색 등은 자연모발색상인 기여색소를 통해 드러낼 때 기여색소의 응용과 유기색소의 활성화과정 등의 효과를 지닌다.

넷째, 모발색을 위한 컬러차트는 관념으로 이루어진 색에 대한 재검토과정에서 반드시 필요함으로 컬러차트의 색명 및 숫자 시스템 등으로 살펴본다.

● 학습목표

1. 빛과 색의 관계를 물리학적, 생리학적, 인문학적으로 이해한다.
2. 모발색인 색원물질을 설명할 수 있다.
3. 모발색의 등급에 따른 기여색소를 설명할 수 있다.
4. 태양광선에 의한 모발색소의 흡수 또는 반사, 활성화 등에 대해 말할 수 있다.
5. 색의 법칙을 응용한 컬러차트(색상환)의 색명과 숫자시스템을 비교 설명할 수 있다.

● 주요 용어

빛, 색, 표색계, 색원물질, 색지각, 색의법칙, 색의 범주, 보색, 기여색소, 활성화, 컬러차트

Chapter 03
모발 색채 이론

3-1. 색채 이론

*색은 빛이라는 광선의 움직임에 의해 생기는 것으로서 때론 모발이 햇빛에 노출된 각도에 따라 그 색상(hue)이 다양하게 변하기도 한다. 이는 빛이 모발에 있는 자연색소의 활동을 억제하거나 그 기능을 못하게 함으로써 모발의 색상을 드러내 주기 때문이다. 모발색은 모발 안에 있는 자연색소의 구성과 또한 그것이 얼마만큼이나 태양광선에 노출되었는가에 따라 달라질 수 있듯이 시각적으로 보이는 자연모발의 색상과 그 안의 자연색소(pigment)는 출생 시부터 유전적으로 결정되어 있다. 그러므로 멜라닌 색소의 과립형이나 그 수를 결정하는 유전인자를 우리의 의도대로 변형시킬 수는 없다.

• 멜라닌은 모피질에서 발견되는 색소로서 멜라닌의 크기, 양 그리고 분포에 있어서 무수한 결합 가능성에 의해 모발색을 만들어 내는 데 일조한다.

• 우리가 빨간색을 본다는 것은 노랑, 빨강 그리고 주황빛이 눈에 반사되는 한편 파랑, 초록 그리고 보랏빛이 색소에 의해 흡수되었다는 것을 의미한다. 태양광선은 가시스펙트럼의 7가지 색상을 함유하고 있으며, 이 가시광선은 우리가 보는 사물들의 색상을 결정시키는 데 영향을 미친다. 색을 연구하는 학자들은 이러한 현상을 빛의 반사(reflectioned)와 흡수(absorbed)에 관한 색의 법칙을 세움으로써 색의 형성을 학습시킨다.

• 인간이 사용하는 색채는 약 100만여 색을 넘는 광대한 분량으로서 색과 색이 결합되어 새로운 색으로 만들어지고 새로운 체계를 이루기도 한다.

• 색을 구성하는 기본적인 원리를 이해하고 그 원리에 따른 색채 간의 결합과 분리를 이해하는 것이 색의 혼합을 이해하는 과정이다.

1) 빛과 색의 관계

◦ 사물을 판단할 때 빛이 눈에 들어옴으로 인해 파장의 빛을 구별하고, 흡수해서 그 자극을 뇌로 전달함으로 인해 색을 감지하는 색지각을 일으킨다.

◦ 백색광을 프리즘에 통과시키면 여러 가지 파장으로 분해되어 천연색의 띠를 띤다.

– 이를 스펙트럼이라 하며 파장이 짧은 쪽을 보라색, 긴 쪽은 빨간색을 나타낸다.

◦ 자연적인 모발색 또한 멜라닌과립으로부터 빛의 흡수나 반사가 일어난다고 볼 수 있다.

◦ 빛에는 육안으로 감지되는 파장이 가시광선으로서 가시광선보다 긴 파

스펙트럼

1666년 뉴턴(Sir Isaac, 1642~1727)은 프리즘을 가지고 태양광선을 빨·주·노·초·파·남·보 등으로 나누는 실험을 하였다. 각기 다른 파장의 빛이 분광(Spectrum)되어 파장이 긴 쪽으로부터 나누어진다.

장이 적외선, 짧은 파장이 자외선이다.

－가시광선인 빛은 전자기적 진동, 즉 전자기파이며 대략 400~700㎚의
파장을 지닌다.

 가시광선

보통 빨강~보라색까지의 파장 780~380㎚ 범위로서 우리 눈으로 볼 수 있는 광선, 즉 스펙트럼에 나타나는 광선・불가시광선: 380㎚보다 짧거나 780㎚보다 긴 파장의 광선으로서 자외선, X선, 우주선은 짧은 파장이나 적외선과 전파는 780㎚보다 긴 파장이다.

(1) 빛(light)

색은 빛의 소산이며 빛은 색의 모체로서 빛이 지상의 만물에 비칠 때 일부는 흡수되어 열로 변하며, 흡수되지 않고 반사된 빛의 일부는 우리들의 눈에 들어와서 밝기와 색을 느끼게 한다.

∘ 빛이 사물에 비춰 드러난 물체의 성격으로서 "깔"은 집단의 특성인 개성을 의미한다.
∘ "빛은 색이다"라고 정의한 것은 빛이 사물의 표면과 형태를 정확하게 보이도록 하는 주체로 생각하는 개념이다.
∘ 색은 본질적으로 빛(light)이기 때문에 색채를 붙잡을 수는 없다.
∘ 빛의 대표는 태양으로부터이다. 태양의 빛은 무색이며 빨강이나 녹색 같은 색감을 느낄 수 없는 백색광이다. 이는 우유색과 같은 흰색이 아니라 색감이 없는 빛을 뜻한다.

빛의 색

태양광선 속에는 여러 가지 색광이 포함되어 있으며, 연속하는 파장의 순서로 나눌 수 있다. 스펙트럼의 긴 파장부분에 많은 방사에너지가 포함되어 있으면 그 빛은 붉은색, 짧은 파장의 부분에 집중하고 있으며 푸른색의 빛으로 느껴진다.

빛의 전파

○ 광학적으로 균질인 매질 내에서의 빛은 직진하지만, 서로 다른 매질의 경계면에서는 보통 반사와 굴절이 동시에 일어나 빛이 둘로 나누어진다.

  － 이때 반사광과 굴절광의 빛의 세기의 비율은 빛의 입사각, 매질의 굴절률, 면의 상태 등에 따라 변하며 반사광과 굴절광의 방향에 대해서는 반사법칙과 굴절법칙이 성립한다.

○ 전반사는 굴절률이 큰 광학적으로 밀집한 물질로부터 굴절률이 작은 광학적으로 소밀한 물질에 빛이 진입할 때는 입사각이 어떤 한계치, 즉 임계각을 넣으면 100% 반사하여 빛이 제2의 매질 안에 들어가지 않는다. 이 현상을 특히 전반사라고 한다.

○ 빛의 산란은 빛의 진로에 굴절률이 급하게 변하는 경계면이 없다 하여도 물질은 원자와 분자라는 불연속적인 요소로 구성되어 있으므로 엄밀하게 말하면, 빛의 일부가 조금씩은 방향을 바꾸어 사방으로 흩어지므로 이를 빛의 산란이라고 한다.

(2) 색과 색채

일상생활 속에서 눈에서 대뇌까지 경로인 시각 전달계를 통하여 외부의 물체를 인지하는 것은 모두 시지각이다. 이는 물체의 반사광을 통하여 색을 자각하는데 지각하는 이들 색의 3속성인 색상, 채도, 명도에 대한 시지각을 색지각이라 한다.

색(color)

색은 모두 빛이며, 사물과 관계된 내재된 성격이나 특성 그리고 다양성을 표현하는 수단이다. 우리가 일반적으로 사용하는 색이라는 말은 심리 물리색과 지각색과의 총칭으로 사용되어지고 있다. 또한 색은 일반적으로 흰색과 회색, 검은색과 같이 색감이 없는 무채색과 무채색을 제외한 모든 색인 유채색으로 구별된다.

---

* 색감
- 인간의 시력으로 가시광선 안에서 구별되는 색상은 15가지이다. 이러한 색상은 파장의 길이가 서로 다른 광선으로서 암흑에서는 색상이 보일 수 없듯이 빛에 의해 색상은 나타내고 색상 그 자체가 존재하는 것이 아닌 눈의 망막이 색상을 결정짓는다. 즉 망막은 자극을 받아들여 뇌와의 중계역할과 빛의 자극을 하나의 명령으로 결정짓는다.
- 시각은 빨강, 노랑, 파랑의 물체를 구분 지으며 물체가 포함하고 있는 일련의 색상들은 광선 중 몇 가지를 흡수하고 다시 망막에 반사시킨다. 예로서 빨간 물체의 색상은 모든 색을 받아들이지만, 단지 빨간색만을 받아들이지 않으며 망막에서 반사시킨다. 따라서 모든 광선을 흡수하는 물체는 우리에게 검은색으로 비추어지며 반면 흰색의 물체는 모든 광선을 반사시킨 것이다.
- 우리가 기억하고 있는 색의 수는 수십 종 정도이고, 뛰어난 감각을 지녔다고 하는 화가라도 1,000여 종 정도 지각할 수 있다고 한다. 그러나 두 가지 색을 나란히 놓고, 양쪽이 같은 색인가 다른 색인가 하는 식별판단은 매우 예민하게 반응한다. 이 식별능력을 기초로 해서 분간할 수 있는 색의 수를 계산하면 750만이라는 방대한 수에 이른다. 예를 들면, 무지개의 색도 식별능력으로 나누면 약 130여 종이나 된다.

색채

물체라는 개념에 따라 색채는 다르기 때문에 지각적 요소가 다분히 포함되어 있다. 색상, 명도, 채도는 색표로서 표준을 정하여 적당한 번호나 기호를 붙여 놓고 시료 물체의 색채와 비교하여 물체의 색채를 표시하는 체계이며 표준 색표의 번호나 기호는 일반적으로 색지각의 심리적 속성(색상, 명도, 채도)에 따라서 붙여 놓은 것이다.

---

* 명도와 채도
- 명도는 색을 숫자로 표기한 표를 이용한다. 이것을 명도표라고 한다. 예를 들어 각 색상의 가장 어두운 색상은 명도 1도이며, 각색상의 가장 밝은 색은 명도 10도 혹은 12도이다.
- 색의 중량감(무게감)은 명도에 의해 좌우된다. 실제로 보이는 것은 컬러 그 자체가 아니라 칼라의 상대적인 밝음이나 어두움이다. 깊이감, 입체감을 더하고 질감에 흥미를 주기위해 명도를 놓고 나서 그다음 칼라로 디자인을 구상한다.
- 채도는 색상의 선명함과 깨끗함을 뜻한다. 가장 순수한 강도를 가진 1차색이 명도에 따라 어떻게 변하는지를 유의해서 살펴보면 색의 경연감으로서 부드럽거나 딱딱한 색채감정은 그 색이 가지고 있는 흰색, 검은색의 양에 의해 결정된다.
  - 고명도·고채도(흰색 또는 밝은 회색): 부드럽다.
  - 저명도·저채도(검정을 많이 소유): 딱딱하게 느껴진다.
  - 광택이 많을수록: 딱딱하다.
  - 광택이 적을수록: 부드럽게 느껴진다.

기본적인 색 분류 방법
인간의 눈에는 실제로 10만 색 이상의 식별 가능하나 이 막대한 수의 색을 정확하게 전달하기 위해서는 목적에 맞는 분류와 전달방법이 필요하다.

- 무채색
백색(흰색), 회색, 흑색(검정)
- 색깔(감)이 전혀 없는 색으로 명도(lightness)만 있다.
- 유채색
색깔을 가진 모든 색으로 3속성을 모두 갖추고 있다.

 색과 심벌
- 교통표식(이정표)과 신호등의 색은 국제적으로 공통이다.
- 색은 보내는 쪽에서 받는 쪽으로 간단하게 이미지를 전달하는 것이 가능하기 때문에 상업적인 심벌(상징)으로써도 이용되는 것이 가능하다.
- CI(corporate identity): 기업 등이 스스로의 이미지를 동일해 그 개성을 사회에 알리기 위한 디자인 계획이다.

 색의 3속성
- 색상(hue): 빨, 노, 파 등의 색깔의 느낌(색조의 차이)을 말함
- 명도(light): 밝기의 정도
고명도 - 밝은 영역
중명도 - 중간 정도 영역(좀 어두운)
저명도 - 어두운 영역
명도가 높은 색(가벼운 색)
명도가 낮은 색(무거운 색)
- 채도(saturation): 각 색상 중에서 가장 채도가 높은 색은 순색이라 한다.

방대한 색의 수를 분류하는 데 일일이 색명을 붙일 수 없으므로 과학적인 표색방법을 사용한다. 그중에서도 먼셀 표색계, 오스트발트 표색계, CIE 표색계(국제조명위원회 표색계)의 3종이 흔히 쓰이며, 먼셀 표색계와 CIE 표색계는 한국 공업 규격(KS)에 채용되어 있다.

① 먼셀 표색계

색은 색의 명칭인 색상(hue-H), 색의 밝고 어두움을 나타내는 명도(value-V), 색의 연하고 진함을 나타내는 채도(chrome-C)의 형태로 나타난다.

---

* 먼셀표색계
- 1905년 미국화가(Munsell, Albert Henry, 1858~1918)에 의해 창안된 이후 발전된 표색계로서 물체표면의 색지각을 색의 3속성에 따라 3차원 공간의 한 점에 대응시켜 3개의 방향으로 배열하되 지각적으로 고른 감도가 되도록 측도를 정한 것이다. 먼셀은 색상(hun), 명도(value), 채도(chroma) 머리를 따서 H.V.C.이라 하며, 표기순서는 HV/C이다. 예를 들면 빨강순색은 5R4/14로 적고, 15R4의 14로 읽는다.
- 우리나라의 공업규격(KSA 0062-71, 색의 3속성에 의한 표시방법)으로 제정되어 사용하고 있다.
- 교육용으로 채색된 표색계이다.
- 색표계, 색표시계(color order system)라고도 한다.

 표색계

이들 세 표색계 중에서 CIE계는 가장 과학적이며 표색의 기본으로 되어 있는데, 주로 광원이나 컬러텔레비전의 기술에 사용된다. 먼셀 표색계는 알기 쉽고 다루기 쉬우므로 일반 사회에서 널리 이용되며, 특히 도색, 염색 등의 기술에 사용된다. 오스트발트 표색계는 주로 미술 방면에서 사용되고 있으므로 세 가지 표색계 사이에서의 환산은 쉽게 되도록 되어 있다.

색상(hues)

◦ 색상을 R(빨강), YR(주황), Y(노랑), GY(연두), G(녹색), BG(청록), B(파랑), PB(남색), P(보라), RP(자주)의 10종으로 나누며 원주상에 등간격으로 배치함으로써 이를 색상환이라고 한다.
◦ 다시 한 기호의 범위를 10으로 분할하여 1~10까지 번호를 매긴다. 예를 들어 5R은 빨강의 중앙에 위치하는 대표적인 빨간 색상을 말한다.

명도(values)

◦ 명도는 색의 밝고 어두움, 즉 밝기의 정도를 말한다. 명도는 순백색을 V=10으로, 순흑으로 하여 V=0으로 11단계로 구분하며, 그 사이를 밝기 감각에 따라 3가지 명도 단계로 나눈다.
  − 10도에서 7도까지의 4단계를 고명도라고 하며, 6도에서 4도까지의 3단계를 중명도, 그리고 3도에서 0도까지의 4단계를 저명도라고 한다.

채도(chroma)

◦ 채도는 색의 연하고 진함, 즉 선명도를 말하며 채도가 가장 높은 색을 순색이라고 한다. 즉 무채색이 없을수록 순색에 가까워지며 무채색이 많을수록 탁색이 된다.

- 채도는 색감의 정도를 14단계로 구분하며 가장 낮은 단계의 채도가 1이고 가장 높은 단계가 14이다.

◦ 무채색 C=0으로 해서 시작 C=1, 2, 3, ……으로 구분한다. 예를 들면 순수한 적색은 색상이 5R, 명도가 4, 채도가 14로 5R4/14로 표시된다.

② 오스트발트 표색계

◦ 색상환을 8색상으로 만들고 각각을 다시 3개로 분할한다. Y(노랑), O(주황), R(빨강), P(보라), U(울트라 마린, 파랑), T(터키 옥색, 청록), G(녹색), LG(나뭇잎의 색, 연두)로 나타낸다.

◦ 순색 함유량 F, 흰색 함유량 W, 검정색 함유량 BL, 각 색에 대하여 F+W+BL=100% 되도록 분배된다. 예를 들면 어두운 보라는 색상이 2P(11로도 적는다) W가 3.5%, BL이 86%로 2P(W)pi(BL) 또는 11pi로 표시된다.

---

* 오스트발트 표색계
- 독일의 물리화학자이며, 노벨화학상(1909)을 수상한 오스트발트(Friedrich Wilhelm Ostwald, 1853 ~1932)가 1923년에 창안, 발표한 표색계로서 1925년경 이후 측색학의 발달로 많이 수정되었다.
- 색량이 많고 적음에 의하여, 즉 혼합하는 색량의 비율에 의해 만들어진 표색계이다.
- 기본이 되는 색채는 3가지로
  - 모든 파장의 빛을 완전히 흡수하는 이상적인 검정(B)
  - 모든 파장의 빛을 완전히 반사하는 이상적인 흰색(W)
  - 파란색(C), 빨, 노, 파의 3가지 혼합량을 기호로 삼아 색채를 표시하는 체계이다.

---

③ CIE 표색계

색을 xy(한 조로서 색도좌표를 나타내며 색상과 채도를 조합한 성질을 뜻하고), Y(색의 명도를 나타낸다)의 형태로 표현한다. 이 표색계는 색의 심리물리학에 입각하는 것으로, 색지각을 만드는 빛의 스펙트럼 특성을 물리적으로 측정하고, 세밀한 계산을 거쳐 xyY가 구해진다. 그러나 실제로는 정학하고 편리한 색체계가 있어, 간단한 조작에 의해서 상세한 xyY의 값이 구해진다.

2) 모발에서의 색 법칙

색을 지각할 때 빛이 직접 우리 눈으로 들어온다든가 어떤 대상의 반사광이 우리 눈으로 들어왔을 때 색에 대한 느낌을 갖는다.

(1) 색의 법칙

모발에서의 색상은 빨강, 노랑, 파랑의 3원색으로 구성되었으며, 이와 같이 3원색을 지닌 모발 내 자연 색소의 농축 정도가 클수록 모발색은 검게 보인다. 농축 정도에 따라 흑색→갈색→적색→금발의 순서로 나누어지며 흰 모발인 경우 색소는 거의 없다.

> **＊색**
> - 인간은 환경에서 보여지는 시각요소로 정보의 80% 얻는다. 이는 색의 객관적인 측정을 통해 물리적 대상으로 관찰하느냐 또는 감성적이며 예술적으로 바라보느냐하는 목적성과도 관련된다.
> - 색학: 혼색계의 영역이거나 미학과 관련된 철학적 의미를 갖지만 비감각적 분야의 혼색계와 색관리 영역이 주된 분야이다.
> - 색채: 인간과 관계된 현상학적이고 예술적인 부분이 많다.
>   - 인문적 의미 : 물체를 구별하고 정의하며, 형체의 형태와 크기를 변화시킨다. 어두움을 밝히는 존재, 즉 사물을 정확하게 보이도록 하는 주체를 말한다.
>   - 물리적 의미(형상적 존재): 겉으로 드러나는 물리적(가시광선의 영역(340~780μm) 광원 또는 반사된 표면으로부터 오는 빛파장의 범위이다.
>   - 생리적 현상: 안으로 받아들이는 내재적 감각으로서 우리 눈에 도달하는 파장에 대한 시각적 지각과 정신적 해석이 결과인 감각의 변화이다.
> - 색채학: 현색계와 배색 등의 관계된 예술적 영역을 포함한다.

원색(primary colors)
◦ 색소발현체로서 원색은 다른 색들을 조합해서 만들어 낼 수 없는 기본색으로서 기초적인 순수한 색들로 빨강(red), 노랑(yellow), 파랑(blue)이다.
◦ 다른 모든 색들은 일차색의 혼합에 의해 만들어진다.

2차색(secondary colors)
◦ 2차색인 등화색은 원색 두 가지를 같은 양으로 혼합하여 얻어지는 색이다.
◦ 같은 양으로 혼합했을 경우, 노랑과 파랑은 녹색, 파랑과 빨강은 보라

그리고 빨강과 노랑은 주황색을 만들어 낸다.

【표 3-1】 2차색

기본색의 혼합	색상	이차색	색상
빨간색+노란색		= 오렌지색	
파란색+빨간색		= 보라색	
노란색+파란색		= 초록색	

3차색(tertiary colors)

○ 3차색은 기본색인 원색 한 가지를 이에 근접한 2차색인 등화색 중 하나
와 같은 양을 혼합했을 경우 얻을 수 있다.

－3차색

- 노랑과 녹색을 혼합했을 경우 연두색이 만들어진다.
- 파랑과 녹색은 청록이 만들어진다.
- 파랑과 보라는 남색이 만들어진다.
- 빨강과 보라는 자주색이 만들어진다.
- 빨강과 주황은 다홍색이 만들어진다.
- 노랑과 주황은 오렌지색이 만들어진다.

○ 이와 같이 색들은 서로 혼합되어 밝기가 달라지면서 수많은 색과 색조
가 만들어진다.

－3원색의 혼합은 검은색이며, 3차색 12가지를 다 혼합할 경우에도 검
은색이 된다.

【표 3-2】 3차색

기본색	색상	이차색	색상	삼차색	색상
빨간색		오렌지색		주황색	
		초록색		연초록	
노란색		오렌지색		다홍색	
		보라색		적보라색	
파란색		보라색		청 보 라	
		초록색		청초록색	

4차색(quaternary colors)

◦ 4차색은 1차색, 2차색, 3차색을 제외한 3원색을 섞어서 만든 모든 색을 의미하며 앞에서 묘사되지 않았던 어떠한 색이라도 만들어 낼 수 있는 다른 모든 색의 배합을 포함하여 시각적 난색과 한색의 범주형성으로 색상은 분별된다.

---

* 색의 느낌
• 크게 차가운 색과 따뜻한 색으로 분류된다.
  −차가운 색은 지배적인 베이스가 파랑, 초록, 보라가 된다.
  −따뜻한 색은 노랑, 주황, 빨강이 지배적인 베이스가 된다.
• 모든 색은 따뜻한 색이든 차가운 색이든 무채색이든 가장 밝은 금발에서 칠흑 같은 검은색에 이르기까지 어떠한 색조로도 만들 수 있으며, 색상 또는 색조는 우리가 볼 수 있는 색의 집약이다.

---

(2) 보색(complementary colors)

모발색에 있어서 보색의 적용은 고객이 희망하는 색깔이 표출되지 않았을 때 잘못된 색상을 지우는 데(cleaning) 중요한 역할을 한다.

---

* 보색
• 색상환 안에서 서로 반대되게 위치해 있는 어느 두 가지 색을 말한다. 이들 둘을 혼합하면 이들은 서로 중화시키는 작용을 한다. 예를 들면 같은 양의 빨강과 녹색은 서로를 중화시켜서 갈색을 만들어 낸다. 주황과 파랑도 서로를 중화시키고, 노랑과 보라 역시 서로를 중화시킨다. 보색은 항상 기본색 하나와 등화색 하나로서 보색의 한 조(쌍)는 3가지 원색 중 하나가 반드시 포함되어진다. 예를 들어 색상환을 보면 빨강의 보색은 녹색으로서 파랑과 노랑으로 이루어져 있는 원색=기본색이다. 따라서 이 보색의 한 조에는 원색이 세 가지 모두 쓰였음을 알 수 있다.

색 중화의 범주

색환(color circle)에서 각각의 반대편에 있는 색은 서로의 색을 가라앉히는 중화의 역할을 한다. 이러한 색 중화에 있어서 일차색은 다른 색의 혼합에 의해 만들 수 없는 색이므로 2차색을 위주로 사용된다.

○ 주황색을 기초로 하는 염료제는 적금갈색, 붉은 벌꿀색, 딸기빛 금발색을 만드는 데 사용된다. 이런 염료제는 앞전에 염색된 색상의 잔색을 중화하고사 할 때 이용된다.

○ 보라색을 기초로 하는 염료제는 풍부하고 차가운 갈색과 차가운 느낌의 샴페인 빛의 금발을 만드는 데 사용된다. 이러한 염료제 역시 고객 모발의 기존 색상에서 원하지 않는 황금색조를 중화시키는 데 이용된다.

○ 초록색을 기초로 하는 염료제는 짙은 회색빛 금발에서 진한 갈색까지 차가운 회색빛 모발색상을 만드는 데 사용된다. 붉은 색조를 중화시키는 데 이용된다.

---

* 색의 범주
- 검은 모발은 유멜라닌 미립자로 만들어지며, 갈색 모발은 유멜라닌 미립자 또는 혼합 멜라닌 미립자로 만들어진다. 적색모발은 페오멜라닌 미립자로 만들어지며 금발의 흐린 색조는 모발 섬유 자체의 흐린 노란 색조에 의한 것으로서 금발에는 멜라닌이 많지 않다. 결과적으로 자연광이나 인조광은 시각적으로 나타내는 요인으로서 모발 색상을 다르게 보이게 한다.
- 대부분 동양인의 모발색은 중간색 범주인 갈색(3/0~5/0)에 포함된다. 일반적인 색의 범주를 이해하고 각 특정 염모제 내에서 어두운 색조, 중간 색조 그리고 밝은 색조로서 무한히 많은 명도, 채도 등을 가진 색들이 만들어질 수 있다는 것을 알면 색 처방에 대한 두려움은 기우에 불과하다는 것을 알게 된다.
- 고객이 자신의 모발색을 바꾸고자 할 때 대부분은 정확한 색을 요구하지 않으며, 요구할 수도 없다. 왜냐하면 색이란 관념적인 것으로서 일반적인 상징체계인 색의 범주에 의한 법칙이 있기 때문이다. 또한 같은 색조를 표현하고자 할 때도 환경적으로 같은 색상 같은 조건하에서 각각의 고객 모발은 다르게 반응한다.

3-2. 모발 색상 이론

○ 현재 모발 색과는 다른 어떤 색조를 갖기를 원하는 고객이 있다면 이에 대해 전문적인 과정의 평가를 다음과 같이 생각할 수 있다.

첫째, 적절한 기여색소를 만들기 위한 '탈색'과정 한 번의 처리과정에 의해 기존의 색상을 바꿀 수 있는가.

둘째, 한 가지 염모제를 사용함으로써 적절한 명도의 기여색소에 따른 색조와 강도를 동시에 표출시킬 수 있는가.

셋째, 원하는 색조와 강도를 만들기 위한 "재염색" 과정에서 현재의 모발
색과 그들이 원하는 모발색 사이에 큰 '간격'인 레벨 차이가 있을
때 두 가지 다른 제품들의 과정은 어떠한가 등으로 분류하여 생각
할 수 있다.

◦ 이러한 의문의 과정을 조합해 볼 때 자연색소가 모든 새로운 모발 색상
의 기초가 되며, 자연색상이 기초 색상으로 색상에 기여하게 됨을 알 수
있다. 즉 탈색과 염색과정이다.

1) 자연 모발색이 갖는 기여색소

원하는 모발 색상의 등급에 의한 최종 결과 색상을 얻기 위해서 현재의
모발에서 어떤 색상을 억제, 중화, 강화해야 하는지에 대해 잘 파악해야 한
다. 그러므로 자연 모발 내부의 실제 구성된 색소(underlying pigment)는 정확
한 최종결과의 색상을 연출하는 데 중요한 요소이다.

【표 3-3】 모발색의 10등급

색의 등급	우리 눈에 보이는 모발색	모발 내 지배적 색소
10	흰색(White)	자연색소 (natural pigment)가 희석 또는 약화된 경우
9	엷은 금색(Light Blonde)	
8	중간 금색(Medium Blonde)	
7	진한 금색(Dark Blonde)	노란색(Yellow) + 빨간색(Red)
6	엷은 갈색 또는 적색 (Light Brown or Red)	
5	중간 갈색 또는 적색 (Medium Brown or Red)	
4	진한 갈색 또는 적색 (Dark Brown or Red)	빨간색(Red)
3	엷은 흑색(Light Black)	
2	중간 흑색(Medium Black)	
1	진한 흑색(Dark Black)	파란색(Blue)

기여색소의 비율

색소가 얼마나 많은가를 나타내는 색상단계는 대개 밝거나 어둡거나를
나타내는 명암으로서 갈색 모발이 가진 색소비율은 노랑 30%, 빨강 20%, 파
랑 10%가 혼합된 색균형을 갖는다.

color\level	Yellow	Red	Blue
10			
9			
8			
7			
6			
5			
4			
3			
2			
1			

색소	탈색모발 등급 (2차 기여색소)
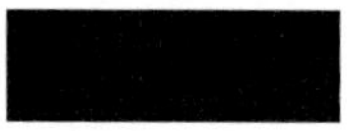	

100% 검정 모발(level 1): 모든 3원색을 똑같은 비율로 섞으면 농도에 따라 흰색, 검은색, 회색이 만들어진다. 흰색이 전혀 없는 100%의 검은색이 컬러 레벨 1의 검은색이다.

【그림 3-1】 100% black(1단계 탈색모 기여색소)

color\level	Yellow	Red	Blue
10			
9			
8			
7			
6			
5			
4			
3			
2			
1			

색소	탈색모발 등급 (2차 기여색소)

50% 검정 모발(level 6, gray): 검은색 50%와 흰색 50%가 섞인 색, level 6의 회색이다.

【그림 3-2】 50% black(6단계 탈색모 기여색소)

color\level	Yellow	Red	Blue
10			
9			
8			
7			
6			
5			
4			
3			
2			
1			

색소	탈색모발 등급 (2차 기여색소)

20% 검정 모발(level 9, light gray): 검은색 20%와 흰색 80%가 섞인 레벨 9의 밝은 회색이다.

【그림 3-3】 20% black(9 단계 탈색모 기여색소)

tip **색소의 농도와 레벨:**
색소의 농도에 따라 흰색이나 검은색 혹은 회색이 된다. 흰색, 검은색, 회색 등은 색에 있어서는 모두 같지만, 색의 단계인 명도에 있어서는 차이가 있다. 보통 색의 척도(level)는 1~10까지의 값으로 표시된다. level 1의 검은색은 색소 농도가 가장 높은 색으로 가장 어두우며 level 10은 가장 밝으며 농도가 가장 낮다. level 2~9는 모두 회색으로서 농도에 따라 또한 명암에 차이가 있다.

2) 모발색의 범주

level	Yellow	Red	Blue
10			
9			
8			
7			
6			
5			
4			
3			
2			
1			

전형적인 베이지 금색이나 자연갈색은 노란색 30%, 빨간색 20%, 파란색 10%로 만들어진다.

【그림 3-4】 level 9, natural blond

level	Yellow	Red	Blue
10			
9			
8			
7			
6			
5			
4			
3			
2			
1			

노란색 60%, 빨간색 50%, 파랑색 40%로 만들어지는 자연갈색

【그림 3-5】 level 6, natural brown

대부분의 색은 색조의 균형을 이루고 있다. 이것은 이들 색이 기본색 모두를 균형 있게 함유하고 있다. 그러므로 모발에 사용할 염료를 배합하기 전에 색이 지닌 지배적인 베이스(color level)와 밝기, 어두움의 등급을 인지해야 한다.

---

* 산화 염료는 제조업체에 의해 공식화된 지배적인 성질과 등급에 따라 분류된다. 즉 국제적인 컬러 코드 시스템 ICC(international colour code)를 사용하여 그들이 만든 색을 설명하고 있다. 대개의 제조업체들은 사용자를 위해 색의 등급과 베이스를 알려 주는 설명서로서 컬러차트(color chart) 또는 컬러 휠(color wheel)을 제공한다. 전문 미용사로서 제조업체가 공급하는 컬러 확인 차트와 비교하여 고객의 모발색 등급과 베이스를 알아내야 한다.

· 난색(warm tones)은 색조에서 적색이나 황색 계열이 많이 포함되어 있거나 적게 포함되어 있는 것으로 노랑에서 노랑 오렌지와 오렌지를 거쳐 자주, 빨강까지 포함된 따뜻한 색상이다. 한색(cool tones)은 적색이나 황색이 보이지 않는 색상으로서 자주에서 연두, 보라, 남색, 파랑, 초록까지 포함된 시각적으로 오렌지 계열이 포함되지 않은 차가운 색상이다.

· 색상을 부드럽게 변화시킬 수 있는 잿빛(회색), 무지개빛 또는 보랏빛, 금빛(노랑), 구릿빛, 마호가니, 빨강, 초록 등의 많은 종류의 빛들에서 살펴보면 따뜻한 반사빛은 밝게 느껴지며, 차가운 반사빛은 어둡게 느껴진다. 따뜻한 금빛은 노랑과 약간의 오렌지의 느낌을 가지며 밝은 구릿빛은 노랑과 강한 오렌지, 빨강은 오렌지와 약간의 빨강, 밝은 마호가니 색은 빨강과 강한 오렌지, 어두운 마호가니는 빨강과 빨강 기운의 오렌지, 보라(연보라)는 빨강과 보라의 어두운 색깔을 느끼게 한다.

· 염모과정은 산화작용을 이용 모발의 자연 멜라닌 색소를 먼저 표백시킨 후 인공색소(dye)를 넣어 주는 방법이다. 인공색소는 산화과정을 거친 후, 모발 안의 바탕색소와 함께 색조로서 우리 눈에 새로운 색상결합을 영구적으로 이룬다.

색상(hue of color)

톤은 명암, 농담, 강약 등의 색조화로서 제조업자들은 영구적 염모제의 색

Tone과 감정효과

같은 톤에서라면 색상이 다르더라도 감정효과는 공통된다(색의 이미지와 배색을 생각하는 경우에 이용 가능).
예) 부드러운 인상-라이트 톤(light tone)과 soft tone 으로 통일
성숙된 분위기-dark tone 으로 통일

색조(Toun)

· 일반적으로 색이나 음 등의 상태를 말한다.
· 색채학에서는 색의 명암과 농담, 강약 등의 차이를 말하며, 명도와 채도에 따라 복잡한 사고방식이 된다.

상을 표현할 때 숫자 대신 문자로서 약자를 사용하기도 한다. 예로서 R(red, 붉은색), G(gold, 황금색), A(ash, 재색), C(copper, 구릿빛) 등이 있다. /1 푸른색(녹색)을 띠는 재색(blue ash) /2 붉은색을 띠는 재색(maure ash) /3 황금색(gold or yellow) /4 구리색(copper or orange) /5 포도주색과 마호가니(burgundy or mahogany) /6 붉은색(red)

예로서 6/1이라는 숫자는 어두운 블론드 정도의 밝기를 가진 재색(어두운 재색 블론드)이라는 것을 의미한다.

명도(value)

∘ 모발색을 나타내는 기여색소(contributing pigment)는 깊이, 색조, 강도를 가지고 있다. 깊이는 색의 밝기 및 어두움의 정도를 나타내는 척도로서 명도라 한다.

∘ 모발에서의 모든 색은 1의 검은색에서 10의 가장 밝은 금발로서 표시하며 명도체계인 색체계를 사용하여 자연 모발색과 인공 모발색상의 깊이를 측정하도록 했다.

∘ 제조업체에 따라 명도에 대해 다른 정의를 사용할 수 있으므로 각 염모제품들은 반드시 사용법을 익힌 후 사용해야 한다.

∘ 사용할 제품이 결정되면 원하는 색상의 명도에 해당하는 음영단계를 결정해야 한다.

∘ 각 명도에는 3~4의 음영(shades)단계와 함께 여러 색조(tonality)들로 나누어진다.

【표 3-4】 색상의 범주

모발 색상	탈색모 기여색소	색상 범주	채도
금발			높음
붉은 금발		밝은 색조	중간
어두운 금발색			낮음
밝은 갈색			높음
적갈색		중간 색조	중간
갈색			낮음
어두운 갈색			높음
검정		어두운 색조	중간
어두운 검정			낮음

3) 기여색소의 응용

* **모발색상의 색조**
- 모발의 밝음과 어두움 정도를 의미하는 모발 색상의 깊이인 명도(level, value shades)는 따뜻함과 차가움 정도를 의미하는 모발 색상의 색조로서 그 강도가 약한 것에서 중간 그리고 강한 것까지 다양하다고 했었다. 다시 말해 명도인 등급(level)은 색의 밝기 또는 어둡기의 정도를 표시해 준다.
- 정확하게 원하는 색조와 강도를 나타내기 위해서는 선택되는 기본 색상이 조정되거나 수정되도록 하기 위해서는 같은 명도의 차갑거나 따뜻한 색상을 8~13g 정도 약간씩 더하거나 첨가물로 보통 한 방울씩 더함으로써 색조를 변화시킬 수 있다. 그 결과 따뜻한 반사빛은 결과 색상의 명도보다 ¼tone 더 밝아 보이게 하며, 차가운 반사빛은 결과 색상의 명도보다 ¼tone 더 어둡게 보이게도 한다.

○ 모든 색은 흰색이나 검은색을 더해서 보다 밝거나 보다 어둡게 만들어서 등급을 나타낼 수 있다. 그러므로 모발색은 자연색이든 염색처리를 한 것이든 1에서 10등급으로 나눈 것에 따라 등급이 나누어진다.

○ 멜라닌 자체 색상인 모발색은 hair colorist만이 다룰 수 있는 색소로서 염색을 하는 데 도움을 준다. 즉 버진헤어인 모발색을 1차적 기여색소라 할 수 있으며, 1차적 기여색소를 기초로 한 표백 정도에 따라 나타나는 색상의 레벨은 2차적 기여색소가 된다.

【표 3-5】 1차 기여색소에 따른 2차 기여색소

구분	자연 모발 등급(1차 기여 색소)	기여색소	탈색모발등급 (2차 기여색소)
10	매우 밝은 금발(Very Light Blonde)		
9	밝은 금발 (Light Blonde)		
8	중간 금발(Medium Blonde)		
7	어두운 금발(Dark Blonde)		
6	밝은 갈색(Light Brown)		
5	중간 갈색(Medium Brown)		
4	어두운 갈색(Dark Brown)		
3	아주 어두운 갈색(Darkest Brown)		
2	갈색을 띤 검정색(Brownish Black)		
1	검정색(Black)		

3-3. 태양 광선에 의한 모발색소의 물리작용

◦ 음파가 증폭되면 먼 거리를 갈 수 있듯이, 모발 속의 자연 유기색소 또
한 증폭시키거나 활성화시켜 더 선명한 색상으로 만들 수 있다. 모발의
자연 유기색소는 멜라닌이라는 물질로 이루어져 있다. 이 물질은 인공
색소와는 달리 산화 과정을 거치지 않고 직접 활성화되는, 즉 원자가
자극을 받게 되면 하나의 에너지 상태에서 더 높은 등급의 에너지 상태
인 "활성화(excitation)" 상태가 된다.

◦ 자연 유기색소는 과산화수소수에 의해 자극이나 충격을 받게 되면 빛에
너지 또는 광자(H^+)를 방출하며, 이 방출된 광자는 자극을 받은 다른
원자들과 만나서 파장과 주파수가 같은 동일한 광자를 더 많이 생산한다.
이러한 과정은 짧은 순간에 일어나며, 그 결과 에너지가 증폭된다. 동일한
파장을 가진 자연 유기색소의 원자들이 만날 때는 증폭 작용이 일어나며 파
장 또한 함께 일치하지만, 서로 반대의 파장을 갖고 있는 자연 유기색소들
끼리는 서로의 활동을 억제시키거나 감소시킨다.

○ 태양광선이 모발 안의 자연 색소의 활동을 억제시키거나 그 기능을 못
하게 하기도 한다. 모발을 밝게 하는 자연광의 작용은 물리작용을 거치
면서 색은 빛을 흡수 또는 반사하는 물질로 구성시킨다.

> * 빛의 흡수 능력은 색소 분자 안에 있는 전자의 작용으로써 색소는 두 종류, 즉 빛을 흡수하여 물
> 에 녹는 염료인 인공색소와 빛을 흡수 또는 반사하여 물에 녹지 않는 유기색소인 자연 유기 색소
> 로 나누어진다.

【표 3-6】 색상에서의 지배색

계열	색상	구성	
NN	자연색(natural)	100% 백모 염색을 위해 두 배의 색소 사용	
N	자연색(natural)	3원색(빨, 노, 파)을 균등 비율로 사용	
S	은색(sliver)	파랑이 지배적이며 보라를 약간 첨가	
A	애쉬(ash)	파랑(지배색)/녹색에다 추가로 3색을 균등하게 사용	
B	베이지색(beige)	파랑(지배색)/보라에다 추가로 3원색을 균등하게 사용	
G	금색(gold)	노랑(지배색)/주황에다 3원색을 균등하게 사용	
ROG	구리색(copper)	빨강(지배색)/주황/노랑에다 3원색을 균등하게 사용	
RO	적황색(titian)	빨강(지배색)/주황에다 3원색을 균등하게 사용	
RR	적색(auburn)	빨강(지배색)/빨강에다 3원색을 균등하게 사용	
RV	적갈색(mahogany)	빨강이 지배적이며 보라를 아주 약간 첨가	
3BB	파랑색(blue moon)	파랑(지배색)/파랑에다 추가로 3원색을 균등하게 사용	
5P	보라색(purple haze)	보라(지배색)/보라에다 추가로 3원색을 균등하게 사용	

- 태양 광선에 있는 보라색은 모발 안의 노란색의 활동을 억제시키거나
기능을 감소시킨다.
- 태양 광선에 있는 빨간색은 모발 안의 녹색(파란색과 노란색의 배합)의
활동을 억제시키거나 그 기능을 감소시킨다.
- 태양 광선에 있는 주황색은 모발 안의 파란색의 활동을 억제시키거나
그 기능을 감소시킨다.
- 태양 광선에 있는 파란색은 모발 안의 주황색(적색과 노란색의 배합)
활동을 억제시키거나 그 기능을 감소시킨다.

- 태양 광선에 있는 노란색은 모발 안의 보라색(적색과 파란색의 배합)의 활동을 억제시키거나 그 기능을 감소시킨다.
- 태양 광선에 있는 녹색은 모발 안의 적색의 활동을 억제시키거나 그 기능을 감소시킨다.

【표 3-7】 유기색소의 증폭작용

구분	가시광선	모발의 자연색소	태양광선에 의한 물리작용
6	보라색(violet)	노란색	
5	빨간색(red)	녹색(파란색+노란색)	
4	주황색(orange)	파란색	활동을 억제시키거나 그 기능을 절감시킴.
3	파란색(blue)	주황색(적색+노란색)	
2	노란색(yellow)	보라색(적색+파란색)	
1	녹색(green)	적색	

3-4. 모발색을 위한 컬러차트의 이해

모발 염색을 위해서는 염료의 기전과 함께 모발에 대한 진단(분석)이 또한 중요한 조건이며 임상결과는 기록에 의한 재검토과정이 반드시 필요하다.

컬러차트

◦ 컬러차트는 제조업체에서 그들만의 고유 영역의 색상을 표현하기 위한 모발 샘플이다. 샘플의 형태는 접었다 열었다 하는 폴더, 디스플레이 카드, 쇠고리에 달려 있는 형태 등 샘플들이 표현되는 색상환의 스와치는 흰색 나일론인 인조 합성 섬유에 색을 입힌 것이다.

◦ 고객에게 이용 가능한 색의 범주를 이끌어 내기 위한 것일 뿐 개개인의 기본 모발색과 원하는 색의 밝기와 색상은 눈에 보이는 제품회사의 색상 샘플과는 동일하지 않다.

이러한 이름과 숫자 시스템을 가진 염모를 위한 색상환에서 이름(색명)은 고객과 상담 시 사용되며, 숫자는 미용실의 스태프들 사이에 통용된다. 이는 숫자에서 들어나는 어떤 밝기 및 색상인지 분명하게 제시된 상징체계이기 때문이다. 색의 밝기(depth)와 어두움을 나타내는 명암으로서 1(2) 가장 어두운~ 10(11) 가장 밝은 쪽까지의 눈금으로 표시된다.

* 2/0(검정), 3/0(어두운 갈색), 4/0(중간 밝기의 갈색), 5/0(밝은 갈색), 6/0(어두운 금발), 7/0(중간 밝기의 금발), 8/0(밝은 금발), 9/0(매우 밝은 금발), 10/0(가장 밝은 밝기의 금발), 11/0(최고로 밝게 한 금발)

【표 3-8】 색의 밝기 및 어두움을 나타내는 명암

	색상의 밝기	기본 색상	컬러차트
색의 농도	11. 최고로 밝게 한 금발	11/0	
	10. 가장 밝은 밝기의 금발	10/0	
	9. 매우 밝은 금발	9/0	
	8. 밝은 금발	8/0	
	7. 중간 밝기의 금발	7/0	
	6. 어두운 금발	6/0	
	5. 밝은 갈색	5/0	
	4. 중간 밝기의 갈색	4/0	
	3. 어두운 갈색	3/0	
	1.(2) 검정색	1(2)/0	

컬러차트의 색명 및 숫자 시스템

◦ 색상을 나타내기 위해서는 두 숫자를 사용한다. 색상을 나타내는 기호는 /(슬래쉬) 또는 -(dash)를 사용한다. 앞면의 숫자는 색상의 밝기로서 주가 되는 색이며 두 번째 숫자는 이차색을 말한다.
　－9/3: 매우 밝은 블론드, 황금색이 주가 되는 색
　－8/34: 밝은 블론드, 구릿빛이 뒤에 살짝 나타나는 황금색이 주가 되는 색

- 7/43: 중간 밝기의 블론드, 황금색이 뒤에 살짝 나타나는 구리색이 일차 색인 색이다.
- 7/44: 중간 밝기의 블론드, 똑같은 숫자가 두 번 사용되었다는 것은 같은 이차색이 추가되어 구릿빛의 일차색이 더 짙어진 것을 의미한다.
- 7/03: 중간 블론드, 일차색은 없고 이차색은 황금색 7/03은 7/3보다 황금빛이 덜하는 것을 의미하며 0은 밝기 없이 단지 색상만을 나타낸다.

【표 3-9】 컬러차트에서 숫자 체계의 기본 예

	색상의 밝기	기본 색상	1/ 녹색을 띠는 재색	2/ 붉은색을 띠는 재색	3/ 황금색	4/ 구리색	5/ 마호가니색	6/ 붉은색
색의 농도	11. 가장 밝게 끌어올린 블론드	11/0	11/1	11/2	11/3			
	10. 가장 밝은 블론드	10/0	10/1	10/21	10/03			
	9. 매우 밝은 블론드	9/0	9/1 9/01		9/3 9/03	9/04		
	8. 밝은 블론드	8/0	8/1 8/01		8/3 8/03 8/34	8/3 8/44 8/45		
	7. 중간 밝기의 블론드	7/0	7/1 7/01	7/2	7/3 7/03	7/4 7/40 7/43 7/44		
	6. 어두운 블론드	6/0	6/1	6/26	6/35	6/43 6/45	6/52	6/6 6/60 6/62 6/64 6/66
	5. 밝은 갈색	5/0		5/2 5/20	5/3		5/5 5/52	5/62 5/64
	4. 중간 갈색	4/0		4/20 4/26	4/3	4/4 4/42 4/45	4/52 4/56	
	3. 어두운 갈색	3/0						3/6
	1.(2) 검정색	1(2)/0	2/10					

※ 부적절한 상호 혼합의 예
09/04 + 9/1: 재색(/1)이 미묘한 구릿빛(/4)을 중화시킨다.
7/2 + 7/3: 붉은색을 띠는 재색(/2)과 황금색(/3)은 보색이다.
8/03 + 8/0: 미세한 황금색(/03)
4/52 + 8/44: 밝기와 색상이 일치하지 않는다.

● 요약

- 색지각을 통해 자연모의 멜라닌 과립으로부터 빛의 흡수나 반사가 일어난다. 빛의 색과 빛의 전파를 통해 반사광과 굴절광의 빛 세기와 비율은 빛의 입사각, 매질의 굴절률, 면의 상태 등에 따라 변함이 성립된다.
- 일상생활 속 눈에서 대뇌까지 경로인 시각전달계를 통하여 외부의 물체를 인지하는 것은 모두 시지각이다. 이들은 색상, 채도, 명도로서 세 가지 속성인 시지각을 색지각이라 한다. 색은 일반적으로 흰색과 회색, 검은색과 같은 색감이 없는 무채색과 무채색을 제외한 모든 색인 유채색으로 구별된다.
- 모발에서의 모발색은 유전적 요소뿐만 아니라 모발 자체가 만드는 색소에 따라 또는 개인의 시각에 따라 지각방법은 다양하다. 이러한 색상은 빨·노·파의 삼원색으로 구성되어 있으며, 자연색소의 농축정도가 클수록 모발색은 검게 보인다. 색의 법칙은 다른 색을 만들기 위해서 염료와 색소가 섞이는 것을 조절한다.
- 모발에서의 색이란 관념적인 것으로 상징체계인 색의 범주를 갖는다. 대부분 동양인의 모발색은 중간색 범주인 갈색(3~5%)에 포함된다. 일반적인 색의 범주는 어두운 색조, 중간색조 그리고 밝은 색조로서 무한히 많은 명도, 채도 등을 가졌다. 모발색을 나타내는 기여색소(contributing pigment)는 깊이, 색조, 강도를 가지고 있다. 깊이는 색의 밝기 및 어두움의 정도를 나타내는 척도로서 명도라 한다.
- 염색디자이너들은 현재 모발색과는 다른 어떤 색조를 갖기를 원하는 고객이 있다면 다음과 같은 절차를 갖는다. 첫째, 적절한 기여색소를 만들기 위한 '탈색'과정 한 번의 처리과정에 의한 기존의 색상을 바꿀 수 있는가? 둘째, 한 가지 염모제를 사용함으로써 적절한 명도의 기여색소에 따른 색조와 강도를 동시에 표출시킬 수 있는가? 셋째, 원하는 색조와 강도를 만들기 위한 '재염색'과정에서 현재의 모발색과 그들이 원하는 모발색 사이에 큰 간격인 레벨 차이가 있을 때 두 가지 다른 제품들의 과정은 어떠한가 등으로 분류하여 생각할 수 있는 것. 즉 염·탈색과정이다.
- 모발염색을 시도하기 위해서는 사용할 염모제의 배합비율을 이해해야 한다. 먼저 원하는 모발색상의 등급에 의한 최종 결과색상을 얻기 위해서 모발에서 어떤 색상을 억제, 중화, 강화해야 하는지 잘 파악해야 한다. 자연모의 실제 구성된 색소(underlying pigment)는 정확한 최종 결과의 색상을 연출하는 데 중요한 요소이다. 노랑 30%, 빨강 20%, 파랑 10%가 혼합된 3원색을 색균형이라 한다.

보통 색의 척도(level)는 1~10까지의 값으로 표시되며, 모발에서의 모발색은 1의 검정색에서 10의 가장 밝은 금발로서 표시되며, 자연모와 인공모의 색상 깊이를 측정하도록 했다. 따라서 level 1의 검정색은 색소농도가 가장 높으며, 어둡다. level 10은 가장 밝으며, 농도가 가장 낮다. level 2~9는 모두 회색으로서 농도에 따라 또한 명암에 차이가 있다.

● 연습 및 탐구문제

1. 색채이론에 관련된 빛과 색의 관계에 대해 설명해 보시오.
2. 색과 색채를 통해 모발에서의 색법칙을 비교·설명하시오.
3. 자연모발색이 갖는 기여색소와 기여색소의 비율을 색균형에 맞추어 설명하시오.
4. 모발색의 범주를 1~10 척도에 적용하여 설명하시오.
5. 모발색을 위한 컬러차트를 이해하고 색명과 숫자시스템을 유기합성 염료에 비교하여 설명하시오.

Chapter 04

과산화수소
(Hydrogen peroxide)

● 개요

　과산화수소는 산화제로서 특히 알칼리성에서 작용이 뚜렷하다. 이러한 과산화수소는 산소를 필요로 하는 모든 화학과정에 사용되는 가장 일반적인 화학제품으로서 모발 염·탈색시 사용되는 산화제이다. 산소와 멜라닌의 결합은 과산화물 용액의 작용으로 모발 안의 자연색소인 멜라닌을 탈색시키고 분산시킨다.

　이 장에서는 염·탈색의 가장 핵심적인 화학제인 과산화수소의 유형과 역할, 작용, 사용범주 등을 익히고 탈색 또는 염색 개념에서의 주의사항 등을 다루고자 한다.

● 학습목표

1. 과산화수소의 생성에 따른 염·탈색에 요구되는 산소의 역할을 설명할 수 있다.
2. 과산화수소의 단위인 볼륨과 퍼센트에 관해 화학적 개념을 설명할 수 있다.
3. 과산화수소의 농도에 따른 작용을 모발색의 등급에 따라 작성할 수 있다.
4. 과산화수소의 사용범주와 관련하여 과산화황산염과 암모니아의 볼륨관계를 논할 수 있다.

● 주요 용어

　과산화수소, 볼륨, 퍼센트, 레벨, 산화제, 토온톤, 과산화황산염, 암모니아

Chapter 04
과산화수소

과산화수소는 알칼리성 용액 내에서의 탈색과정에 활동적임에도 불구하고 오랜 기간 자체 보관적으로는 안정적이지 못하므로 pH 3~4에서 일반적으로 공급된다. 따라서 H_2O_2 제조 시 금속봉쇄제와 안정제로서 1~2% 싸이오글리콜산(TGA;thioglycolic acid)을 첨가함으로써 자동산화 반응을 조절시킨다.

*pH 3~4에서도 산화환원 반응이 일어날 수 있는 조건은 다음과 같다. 금속 또는 다른 오염균 물질과 열, 빛 등이 H_2O_2의 분해를 더욱 촉진시킨다. 그 외 보관 과정 중에 방출된 산소는 상당한 압력을 발생시킴으로써 궁극적으로는 용기의 파열을 일으킨다.

○ 순수한 H_2O_2는 용해제인 물을 사용함으로써 비율을 볼륨 또는 %로 나타낸다. 예로서 다음과 같다.
  - 20볼륨의 H_2O_2는 6% H_2O_2와 94%의 물로 구성되어 있다.
  - H_2O_2의 볼륨이 높을수록 케라틴을 용해시키거나 모발의 인장 강도를 떨어뜨려 모발을 느슨하게 한다.
  - 30볼륨 이상의 H_2O_2는 모발 아미노산인 황을 유출시킨다.
○ H_2O_2의 볼륨이 다르다는 것은 농도가 다르다는 의미이다.
  - 볼륨이 높을수록 농도가 짙은 용해물이며, 볼륨이 낮을수록 농도가 낮은 묽은 용해물이다.
○ 유럽시장에 판매되고 있는 H_2O_2는 12%(40 vol)까지 허용한다.
  - 접촉 시 즉시 물로 헹구어 내고 안과 의사에게 진찰받을 것을 명시하고 있다.
○ 볼륨이 높은 H_2O_2를 이용한 탈색 과정 동안은 두개피부에 화상을 줄 수 있으므로 하이라이트(highlight) 시에만 사용해야 한다.

4-1. 과산화수소의 유형

모발의 색을 부드럽게 탈색되어지는 것에 관계한 과산화수소는 화장품학에서는 산화제, 발생기제, 촉매제 등의 이름으로 분말, 크림 그리고 액상의 유형으로 나눌 수 있다.

○ 분말형태
－액상제의 과산화수소 용매에 볼륨을 높이는데 사용된다.
○ 크림형태
－크림과 산화물은 밀도가 높은 부가물의 형태로 농축첨가물에는 안정화시키기 위해 산을 첨가시킨다.
○ 액상형태
－pH 3.5~4.0에서 안정된 산성을 유지하며, 무색·무취의 액체로 물과 산소에 쉽게 분리되기도 하나, 열에 불안정한 혼합물($2H_2O + O_2 = 2H_2O_2$)로서 소독 또는 지혈의 역할을 겸하고 있다.

4-2. 과산화수소의 역할

볼륨(volume) 또는 %(percent)로 표기되는 H_2O_2는 분자 하나에 의해 방출될 수 있는 자유산소의 수를 의미한다. 화학적인 개념으로서 볼륨과 %는 H_2O_2가 100숫자 단위의 산화용액에서 얼마나 많이 발견되는지에 대한 의미로서 세기라고 한다.

- 1 Volume은 1분자의 H_2O_2가 방출하는 산소의 양을 나타낸다.

  1분자의 H_2O_2 10 vol은 10개의 산소원자를 방출하며 3%의 H_2O_2를 포함한다.

  1분자의 H_2O_2 20 vol은 20개의 산소원자를 방출하며 6%의 H_2O_2를 포함한다.

  1분자의 H_2O_2 30 vol은 30개의 산소원자를 방출하며 9%의 H_2O_2를 포함한다.

  1분자의 H_2O_2 40 vol은 40개의 산소원자를 방출하며 12%의 H_2O_2를 포함한다.

- 3% H_2O_2는 100% 용액에 대하여 물 97g에 H_2O_2 3g 포함하고 있음을 나타낸다.

  6% H_2O_2는 100% 용액에 대하여 물 94g에 H_2O_2 6g 포함한다.

  9% H_2O_2는 100% 용액에 대하여 물 91g에 H_2O_2 9g 포함한다.

  12% H_2O_2는 100% 용액에 대하여 물 88g에 H_2O_2 12g 포함한다.

- H_2O_2 10vol은 명도를 $\frac{1}{2}$ tone 이상은 상승시키지 않는다.

  H_2O_2 20vol은 명도를 2단계 상승시킨다.

  H_2O_2 30vol은 명도를 3단계 상승시킨다.

  H_2O_2 40vol은 명도를 4단계 상승시킨다.

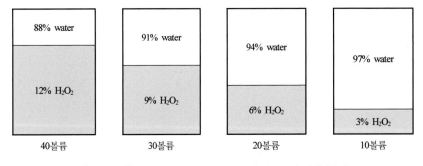

【그림 4-1】 같은 양의 10, 20, 40볼륨 되는 H_2O_2의 과산화물과 물의 농도를 백분율로 나타낸다.

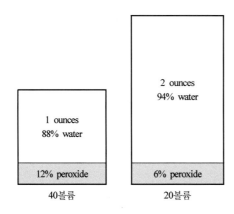

2 ounces
94% water

1 ounces
88% water

12% peroxide

6% peroxide

40볼륨   20볼륨

【그림 4-2】 40볼륨의 H_2O_2 1온스가 함유하고 있는 과산화물의 양은 20볼륨의 H_2O_2
2온스와 같다. 40볼륨 H_2O_2는 함유하고 있는 물이 단지 더 적을 뿐이다.

【표 4-1】 H_2O_2의 농도에 따른 작용

H_2O_2세기	물에서의 과산화수소량	작용
10볼륨	H_2O+O(3%)	• 탈색 작용 안된다. • 착색 작용이 된다. • 어둡게 염색하고자 할 때 또는 이미 모발이 퇴색되어 멜라닌 색소를 제거하고 싶지 않을 때 탈색작용이 되지 않는 3% H_2O_2 사용한다. • 6%의 H_2O_2 $\frac{1}{2}$ 과 물 $\frac{1}{2}$ 을 희석하면 H_2O_2 3%를 만들 수 있다.
20볼륨	H_2O+O(6%)	• 탈색과 착색 작용이 된다. • 1~2단계 정도 밝게 한다. • 어둡게 하거나 같은 톤으로 하거나 백모 커버 시에 사용한다.
30볼륨	H_2O+O(9%)	• 착색보다 탈색 작용이 더 크다. • 2~3단계 정도 밝게 작용한다. • 20볼륨보다 모발 손상이 크다.
40볼륨	H_2O+O(12%)	• 착색보다 탈색 작용이 더 크다. • 4단계 정도 밝게 한다. • 30볼륨보다 모발 손상이 더 크다.

4-3. 과산화수소의 작용

H_2O_2 자체로도 모발을 밝게 할 수는 있으나, 진행속도가 매우 느리다. 모
발색을 2단계로 상승시키고자 할 때 20볼륨 H_2O_2 용액에 12시간 정도 모발
을 담가 두어야 한다. 그러므로 H_2O_2 용액의 산화를 위해 촉진물질로서 과
산화황산염을 사용해야 하는데 사용 시 적용되는 촉진물질들은 반응이 끝
난 다음에도 변하지 않고 그 자체로써 남아 있으므로 유의해야 한다.

H₂O₂ 함유율에 따른 탈색 및 염색

○ H₂O₂를 사용해야 할 임상시술 용도에 따라 산화제의 양은 조절할 수 있다.

　－산화제 양에서 1액과 2액 혼합 시 1액보다 2액이 더 많아 묽어지면 탈색시간은 더 오래 걸리며 탈색등급에서도 밝아지기 힘들다.

　－1액과 2액 혼합 시에는 산화제 양이 적을 때 걸쭉하게 반죽되어 탈색이 잘 되지 않으므로 제1제 탈색제와 제2제 산화제의 양에 있어서는 제조사의 지시에 따라 적당량 혼합해야 한다.

○ 과산화황산염의 강도는 사용한 H₂O₂의 볼륨에 따라 달라지며 볼륨이 클수록 방출 산소량이 커진다.

○ 과산화황산염＋H₂O₂의 혼합제의 활동속도를 조절하는 것은 함유된 제1제 암모니아 첨가 양에 따라 달라진다.

○ H₂O₂ 또는 암모니아의 양이 많을수록 반사빛은 붉은 따뜻한 색상을 나타낸다.

　－H₂O₂의 볼륨이 클수록 산소의 방출이 많아지고, 탈색등급(level) 폭이 크며, 다양한 밝기의 탈색을 얻을 수 있다.

　－강한 볼륨의 H₂O₂는 안정성이 보장되지 않을 경우에 사용해서 안된다.

　－암모니아 첨가량이 많을수록 짧은 시간에 방출되는 산소의 양과 함께 탈색이 더욱 가속화된다. 또한 탈색의 크기는 변함없으나 시간적으로 단축시킬 수 있으며, 붉은빛의 반사빛을 강하게 나타낸다.

　－암모니아수는 두발을 손상시키므로 양을 임의로 늘려 사용해서는 안된다.

【표 4-2】 과산화수소의 강도와 소요시간

H₂O₂의 강도	H₂O₂의 함유율	등급의 변화	소요시간
10 vol	3%	등급의 변화 없음.	30분
20 vol	6%	자연모발에서 2등급을 높일 때	30분
30 vol	9%	자연모발에서 3등급을 높일 때	45분
40 vol	12%	자연모발에서 4등급을 높일 때	60분

4-4. 과산화수소의 사용범주

염모제는 주로 20볼륨(6%)의 H_2O_2와 같은 비율 또는 1:1로 혼합하므로 세기 단위는 1 또는 2 정도를 나타낸다. 30볼륨(9%)의 H_2O_2와 같은 비율로 혼합되는 영구 염모제는 세기가 3이고, 40볼륨(12%)의 H_2O_2와 같은 비율로 혼합하면 밝기에 대한 세기가 4레벨까지 올라간다. 염모제에다 H_2O_2의 비율을 바꾸면 완성된 염료 혼합물에는 포함된 H_2O_2의 최종 농도 또한 달라진다.

이 염모제는 모발을 표백시킴과 동시에 색상도 흡착시키지만, 두개피부에 많은 손상을 시킬 수 있다. 모발 손상 정도는 염모제의 lift가 증가할수록 커지나, 두개피부를 손상시키지 않고 모발을 밝게(lighten)하는 방법은 없다. 이는 산화 염모제 대부분의 기능이지만, 항상 본래의 모발색을 밝게 해 주는 것이 아니듯이 색소 흡착은 본래 모발색에 대한 밝기의 상승작용이 없을 때에만 효과를 지니기 때문에 5볼륨이나 10볼륨의 H_2O_2를 같은 비율로 혼합한다.

밝게 하기(lightening)
산화염료의 제2제의 H_2O_2 6%는 2 level까지 밝게 할 수 있으며, 12%는 4 level까지 밝게 한다.

탈색(bleach)
블리치 레벨은 따뜻한 계열의 색상으로서 모발에 따라 자연 모발색을 4~7 level까지 밝게 탈색시킬 수 있다. 밝게 탈색되는 동안 색상이 빠져나가는 과정은 파란색이 먼저 그다음 빨강, 노랑이 되면서 점점 백금색을 띤다.

색소지우기(cleaning)
색조가 남아 있거나, 어두운 컬러를 밝게 하고 싶을 때 클린징으로 인공 색소를 제거한 후 밝은 색조를 입힌다.

4-5. 암모니아와 과산화수소의 볼륨

○ 탈색의 정도에 따라 3가지로 분류시킬 수 있다. 자연모는 그 정도에 따라 다르지만 볼륨이 높은 산화제는 많은 양의 산소가 방출됨으로써 탈색 또한 강하게 된다.

○ H_2O_2는 탈색작용이 발색작용보다 강하게 일어나며 산화촉매제인 암모니아는 4~7% 정도의 다양한 암모니아수 혼합량에 따라 변화되기도 한다.

【표 3-3】 과산화수소의 농도와 특성

H_2O_2 농도	특성	사용법	비고
NO H_2O_2	2% 미만의 적은 양의 NH_3로서 탈색을 최소화한다.	ton on ton 또는 어두운 염색, 단속제만 들어 있는 제품으로서 자연 반사빛, 유지력 1~2주, 색상을 중화시키는 역할을 한다.	모발 염색제 중 가장 부드러우며 pH가 낮다.
20~30 vol H_2O_2	NH_3의 함유량 – 탈색정도를 결정한다. 5% – 1단계 상승시킨다. 10% – 2단계 상승시킨다. 15% – 단계상승 색상에서 명도 차이를 가져다준다.	염색만으로 2~3단계 밝게 할 수 있다. 자연모발 레벨 4에서 시작하며 탈색이 균일하지 않게 된 상태에서 염색했을 때 사용, 이미 염색된 모발에 사용한다.	밝은 염색일 경우 탈색 없이 1~3ton 단계상승(20~30vol H_2O_2 사용)이 가능하다.
30~40 vol H_2O_2	NH_3의 함유량 24% 정도로서 3볼륨 높은 H_2O_2 30~40vol 혼합 4단계까지 밝게	자연모의 레벨인 밝은 갈색, 어두운 금발, 금발에서 4단계까지 염색만으로도 밝게 할 수 있다.	애벌 탈색 없이 시간 절약을 할 수 있다.

4-6. 과산화수소 사용 시 주의

○ 시판품인 H_2O_2 용해제는 산안정 상태로서 조기 분해를 일으키지 않으나, H_2O_2 자체는 불안정 상태의 물질이므로 빛, 먼지, 기름 및 기타 오염물질 등이 산소와 물을 급격히 분리하므로 용기를 밀봉하여 먼지가 들어가지 않게 한다.

－사용 시 가능한 뚜껑을 닫고 사용하며 원하는 만큼의 양을 덜어서 사용한다.

－이때 사용하던 H_2O_2를 용기에 합류시키면 먼지나 분리된 산소에 의해 H_2O_2의 효과를 떨어뜨린다.

◦ 산화제 용기는 투명 플라스틱으로서 빛을 통과시키지 않은 것을 택한다.

－갈색 유리병을 사용할 경우 직사광선에 의해 유리가 깨어져 사고가 날 가능성이 있다.

－플라스틱인 경우에도 용기가 뒤틀려 있다면 산소의 분리에 의해 용기가 폭발할 수도 있으므로 가급적 멀리 서서 뚜껑을 개봉한다.

◦ 금속으로 된 용기에 담아 사용 시 H_2O_2는 분해됨과 동시에 분해에로의 급속함이 고압 산소를 형성하여 용기가 파손될 수 있으므로 밀폐된 금속용기에 저장해서는 안된다.

---

* 미용실에서 과산화수소 사용 범위 및 주의
- 산화제의 강도는 혼합 시 사용되는 H_2O_2의 볼륨에 따라 변화하며 탈색 시, 산화염색시, 애벌염색 시, 지우기, 닦아 내기 할 때, 펌용액 제2액(산화제, 정착제), 소독 시(3% 옥시풀, 6% 지혈효과 등에 사용된다.
- H_2O_2의 볼륨과 염색 처리 시간을 줄이기 위해 어떤 알칼리 재료를 추가해서는 안된다.
- 화장품학의 기본 법칙으로서 제조 회사의 추천 지시서에 따르지 않고 강도 혹은 볼륨의 증가는 모발 손상 또는 두개피부내 화학적 화상까지 원인이 된다.
- 제조회사마다 염색제와 과산화수소물의 사용 용량이 다르므로 과산화수소물의 계량에 있어 다른 제품의 눈금에 맞추지 말아야 한다.
- 과산화수소물의 접촉에 있어 금속성은 피한다. 금속은 염색제에 있어서 산화작용, 촉매작용을 하므로 반응이 빨리 일어날 수 있다.

요약

- 화장품학에서 과산화수소는 산화제, 발생기제, 촉매제 등으로 불리고 있다. 볼륨 또는 %로 표기되는 과산화수소는 과산화수소분자 하나에 의해 방출될 수 있는 자유산소의 수가 세기를 결정시킨다.
- 과산화수소는 화학구조상 안정적이지 못하다. 따라서 pH 3~4를 유지시키기 위해, 1~2% 싸이오글리콜산을 첨가시켜 자동산화 반응을 조절시킨다.
- 과산화수소의 1볼륨은 과산화수소 한 분자가 방출할 수 있는 산소의 양을 나타내며, 한분자의 과산화수소 10볼륨은 10개의 산소원자를 방출하며, 3% 과산화수소를 포함한다. 3%의 과산화수소는 100% 용액에 대하여 물 97g에 과산화수소 3g을 포함하고 있다.
- 6~10볼륨(1~3%) 과산화수소는 색조역제 또는 색완화제로서 모발색소를 밝게 하지는 않지만, 20~30% 볼륨 과산화수소 사용 시 모발색은 산화되어 2~3레벨 정도 밝게 된다.
- 유기합성염료인 제1제와 제2제의 혼합은 새로운 화학성분을 형성시킨다. 이때 과산화수소는 인공색소인 염료의 산화를 도와 발색의 역할로서 염색제로 변화된다.

연습 및 탐구문제

1. 과산화수소를 발견한 사람과 과산화수소생성에 사용되는 반응화합물을 공식으로 설명하거나 풀어 보시오.
2. 과산화수소의 단위를 자유산소 또는 물의 농도를 이용하여 볼륨과 퍼센트에 관해 설명하시오.
3. 과산화수소의 세기에 따른 염·탈색 작용을 비교하시오.
4. 암모니아와 과산화수소의 볼륨관계에 대해 설명하시오.
5. 과산화수소 사용 시 주의점을 열거하시오.

Chapter 05

모발 탈색제
(Hair lighteners)

● 개요

　모발의 색은 멜라노프로테인 상태의 색소알갱이의 농도에 의해 결정된다. 모발색은 색원물질에 의해 구성되어 있으며, 노란색 30%, 빨간색 20%, 파란색 10%의 색균형으로 이루어져 있다. 다양하게 드러나는 모발색이 갖는 모발레벨은 농도의 현상으로서 색균형은 동일하다.

　탈색제는 제1제 알칼리제와 제2제 과산화수소로 구성되며, 이를 혼합하여 사용한다. 사용방법에 따라 모발색소의 변화단계를 갖는다. 탈색은 원하는 색상을 만들어 내기 위한 바탕색소를 결정한다고 볼 수 있다.

　이 장에서는 자연 모발색을 변화시키는 염·탈색의 출발점에 해당하는 물질인 탈색제를 이해하기 위해 탈색제의 성분구성, 종류, 작용, 효과를 다루고 이와 관련 탈색제로 인한 모발손상을 다루고자 한다.

● 학습목표

1. 탈색제의 성분에서 제1제와 제2제를 구분하고 사용방법을 설명할 수 있다.
2. 탈색제의 형상에 따른 특성을 설명하고 이와 관련 장점을 논할 수 있다.
3. 모발멜라닌색소에 적용되는 탈색제의 작용과 효과를 설명할 수 있다.
4. 탈색단계와 기여색소 간의 관계를 10등급으로 열거할 수 있다.
5. 탈색제로 인한 모발손상을 말할 수 있다.

● 주요 용어

　색균형, 촉매제, 지각작용, 기여색상, 바탕색소, 밝기의 단계

모발 탈색제

모발 내 색소는 멜라노프로테인 상태로 존재함에 의해 단백질 내에 식작용화된 색소를 표적으로 처리하기 전에 모발단백질 손상이 우선되기 때문이다. 색소의 농도가 모발색을 결정짓듯이 가장 어두운 자연 갈색과 가장 밝은 자연 금색은 노란색 30%, 빨간색 20%, 파란색 10%의 색균형을 갖는다. 즉 색균형은 변함없이 동일하나 차이를 갖는다. 탈색에 대한 방법은 수세기를 걸쳐 존재해 왔으나, 선호되는 현재의 방법 역시 H_2O_2와 알칼리제를 수반하고 있다.

> *모발색에 대한 부분적 또는 전체를 포함하는 색소를 변화시킬 수 있는 가장 간단한 방법은 멜라닌 색소의 표백을 들 수 있다. 멜라닌과립을 산화시키면 표백된 탈색모가 된다. 탈색모의 멜라닌 과립이 갖는 화학구조의 변성은 가시광선에서의 흡수를 방해하므로 탈색된 모발은 빛을 흡수하지 않고 반사하게 된다. 이는 모발이 흰색광원의 빛을 모두 반사하게 됨으로써 흰색으로 표백되어 보인다. 따라서 어두운 모발을 하얗게 탈색시키는 일은 쉽지 않다.

5-1. 탈색제의 성분 구성

모발 탈색제는 알칼리제를 주성분으로 한 제1제와 산화제를 주성분으로 한 제2제를 혼합하여 사용한다. 모발에 도포된 혼합물은 발생되는 산소에 의해 모피질 속의 유와 페오의 색입자들을 색이 없는 옥시멜라닌 분자형태로 산화시킨다.

1) 탈색제의 성분

모발 탈색제는 pH가 9.5~10인 알칼리성으로서 이는 모표피를 부드럽게 하고 부풀려 열리도록 해서 탈색제가 모피질로 스며들 수 있도록 한다. 용해제의 pH가 높을수록 모발은 더 부풀어 오르고 더 깊이 스며들며 탈색이 촉진된다.

제1제

○ 제1제($NH_4OH \rightarrow NH_3 + H_2O$)는 약알칼리성분으로 부풀려지는 성질을 이용하여 모발을 팽윤시키며, 휘발성의 냄새가 강한 가스열 상태에서 휘발된다.

○ 탄산암모늄(NH_4CO_3)은 산소의 분리를 빠르게 진행하고 탄산마그네슘($MgCO_3$)은 산소의 분리를 조절하며, 카복실 메틸 셀룰로이즈, 식물성 진 등은 탈색가루를 모발에 도포 시 액이 건조되지 않도록 하는 역할과 함께 때로는 노란색 색조에 파란색이나 보라색 염료를 탈색제에 첨가하기도 한다. 이러한 푸른 색소 또는 보라색소의 추가는 소량으로서 보색을 위한 색 중화로도 이용되며 모발 내에 침투할 수 있게 표피를 팽윤시켜 주는 역할과 동시에 과산화수소 내에 발생기 산소를 분리시키는 촉매역할을 한다.

○ 폴리옥시에틸렌 노닐페닐이써, 폴리옥시에틸렌 다이스테아린산염, 팔미트산, 암모니아수, 금속봉쇄제(EDTA), 정제수 등이 첨가된다.

제2제

발생기 산소를 제공함으로서 모발에서의 탈색과 발색을 관장하여 H_2O_2(35%), 정제수 등이 첨가된다.

* 제1제인 알칼리제는 탄소를 함유하고 있지 않는 무기알칼리로서 암모니아는 작은 휘발성 분자이다. 그러므로 빠르게 증발하기 때문에 강한 냄새가 난다. 모든 알칼리의 화학반응성은 수산화물이온(OH-)에서 비롯되듯이 암모니아는 알칼리성으로 물에서 수소이온(H+)을 제거함으로써 알칼리성 수산화물이온만 남아 pH를 증가시킨다.
* 암모니아 대용으로 사용되는 알카노아민류는 냄새가 약한 모발 탈색제인 알칼리제이다. 이는 큰 유기분자로서 탄소가 함유되어 있어 휘발성이 적어 냄새가 거의 없지만 암모니아만큼 탈색효과에서는 뛰어나지 않다. 아미노메틸프로판올(aminomethylpropanol: AMP)과 모노에탄올아민(monoethanolamine: MEA)이 암모니아 대신 사용되는 일반적인 유기 알칼리의 예이다. 알카노아민류는 암모니아와 에틸렌 산화물의 화학반응으로 형성되며, MEA, DEA, TEA 등 알칼리성으로서 암모니아만큼 냄새가 강하진 않지만 암모니아만큼 모발 손상도 불러올 수 있다.
* 예로서 일산화탄소는 치명적인 독이지만 냄새는 거의 없다. 그러므로 마케팅에서는 암모니아가 함유되지 않았다고 해서 손상이 일어나지 않는다고 얘기할 것이다. 알카노아민류는 암모니아와 똑같이 용해제의 pH를 높여 준다. 모노에탄올아민($HOCH_2CH_2NH_2$)의 아민은 암모니아와 같은 역할을 하며 화학식은 다음과 같다.
* $HOCH_2CH - NH_2 + H_2O \rightarrow HOCH_2CH - NH_3^+ + OH^-$

5-2. 탈색제의 종류(Types of lighteners)

모발 탈색제는 많은 형태로 출시된다. 액체, 크림, 분말, 유상액(emulsion), 오일, 라이트닝 샴푸(lightening shampoo), 라이트닝 세트 로션(lightening setting lotions) 등의 형태로서 산화제를 이용하며 또한 모발 손상을 줄이기 위해 지방물질 컨디셔닝제를 첨가하고 있다.

액상 탈색제

암모니아와 과산화수소의 혼합에 의해 제조된다. 이것은 모발 전체를 탈색하도록 제조되었으며 주의할 것은 모발 도포 시 모발을 타고 흘러내린다.

크림 탈색제

가장 대중적인 형으로서 사용 조절이 쉬우며 컨디셔닝제도 포함되어 있다. 알칼리성 크림은 H_2O_2를 농축시키고 활성화시키기 위해 사용되며, 농축제품은 증발 등에 따른 암모니아 손실이 예방된다는 장점이 있다. 또한 탈색작용을 느리게 진행하게 하며, 두개피부에도 사용을 가능하게 함으로 인해 전체 탈색 시 사용된다. 액상이나 크림 탈색제는 일반적으로 촉진제와 함께 사용된다. 크림 탈색제의 장점은

◦ 컨디셔닝제를 포함하고 있으므로 모발과 두개피부를 보호한다.

◦ 붉거나 노랗게 변질되는 것을 방지하는 데 도움이 된다.

◦ 밀도가 높기 때문에 탈색 작용 중 쉽게 조절이 가능하다.

◦ 흐르거나 떨어지지 않고 지나치게 덧바르게 되는 것을 막는다.

분말 탈색제

모발 탈색은 알칼리성 pH의 고농축 H_2O_2로 이루어지지만 탈색효과는 H_2O_2의 pH나 농도와 관계없이 한계를 가진다.

◦ 4~6단계 정도의 밝기까지 밝게 할 수 있는 빠른 탈색제로서, 강한 작용과 빠른 속도를 위해 촉진제와 산화제가 포함된다.

◦ 흘러내리지는 않으나 빨리 건조되므로 이를 보강하기 위해 오일 탈색제와 혼합해 사용하기도 한다.

◦ 저항성모나 버진헤어의 건강모에 사용되는 분말형의 탈색제는 두개피부 가까이에 사용할 경우 두개피부를 손상시키므로 유의해야 한다. 부식성 파우더를 흡입하지 않도록 이를 혼합하거나 계량할 때에는 마스크를 사용한다.

◦ 도포 시 두개피부로부터 1~1.5㎝ 정도 떨어져 사용한다.

＊분말탈색제는 두개피부 염증방지를 위해 과황산염을 첨가시키며 과황산암모늄, 과황산나트륨, 과황산칼륨이 주로 사용된다. 이런 성분들은 파우더 형태로 보관해야 하기 때문에 파우더 타입 탈색제에만 사용된다. 두개피부 염증방지 파우더 탈색제는 서로 다른 여러 성분들의 혼합물로서 저장 및 선적기간 동안 성분들이 분리될 수 있으므로 사용 전에 파우더를 골고루 섞어 주지 않으면, 이런 성분들이 균일하게 혼합되지 않을 수도 있다. 골고루 혼합되어 섞이지 않으면 맨 위쪽의 성분들과 바닥 쪽의 성분들이 서로 다를 수도 있다. 그렇게 되면 탈색효과가 불규칙하게 나타나거나 모발에서의 극심한 손상과 함께 강한 열이 발생되므로 고객이 위험할 수 있다.

유상 탈색제

기름기를 함유 성분으로 H_2O_2와 혼합 시 젤 형태가 되므로 모발 도포 시 사용하기가 쉽다. 파우더 '활성제'를 사용하여 기능을 증가시켜 6단계 정도 모발을 밝게 할 수 있으며, 두개피부 건조를 방지하기 위해 시트라이마이드 (cetrimide)와 같은 컨디셔너제를 첨가시켰다.

오일 또는 젤 타입 탈색제

2~3단계 정도 밝게 하는 투명한 젤 형태로서 도포 직전에 H_2O_2와 혼합하

여 사용한다. 오일이나 젤 타입의 탈색제를 사용한 다음에는 산성린스나 약
산성 샴푸로 마무리해 주어야 한다.

> *오일이나 젤 타입의 탈색제는 여러 가지 중요한 장점이 있다. 투명하기 때문에 불투명한 제품보
> 다 사용자가 표백 진행상황을 보다 쉽게 파악할 수 있으며 오일 제품은 사용하면 두개피부가 건
> 조해지지 않는다. 라이트닝 샴푸 또는 블리치 바스는 일시적 또는 반영구적 염모제에 의해 생기
> 는 원치 않는 색을 없애거나 금속염 된 염모제를 없앨 때 사용한다. 블리치 바스 제조 비율은 탈
> 색제(powder) 10mg : H_2O_2 30ml : 물 60cc + shampoo 6mg을 혼합하여 사용한다.

5-3. 탈색제의 작용(Action of lighteners)

◦ 탈색제는 고객이 지닌 자연 모발색에서 밝은색을 원할 때나 특별한 색
   상의 사용으로 염색소를 제거하기 위해서 사용된다. 사용방법으로서 제
   1제와 제2제 1:3의 비율로 혼합하여 사용하며 6% 탈색제의 경우 두개
   피부에 닿아도 무방하나 조심해서 다루어야 한다.

> *탈색제 도포 처음 6분간 강한 탈색 작용을 가지며 도포 후 원하는 밝기(기여색상)에 따라서 50분
> 까지 방치할 수 있으나 최대 1시간 정도의 탈색과정이 지속된다. 그러므로 도포 후 1시간 이상이
> 지났는데도 더 밝아지기를 원한다면 닦아 내고 다시 새로운 탈색제를 도포해야 한다.

◦ 탈색 제품들은 모발의 멜라닌 색소를 점차적으로 엷게 함으로써 새로운
   모발 색상을 위한 각 등급의 기여색소를 만든다. 1단계의 검은 모발은
   10단계인 엷은 금발까지의 모발색 범주를 갖는다. 이는 탈색의 정도 또
   는 단계 자체만으로도 결과색소인 자연 모발의 탈색 과정은 인종마다
   모두가 일정하지 않는 단계에서 시작된다.
◦ 탈색단계는 자연 모발색의 기본 레벨을 바탕으로 밝게하는 경우로서 시
   간이 지남에 따라 드러나는 기본 색상이라 할 수 있으며, 이 레벨은 붉
   은색의 반사빛에서 점차로 주황색 반사빛, 그 후 노란색 반사빛, 마지막
   으로 흰빛이 되면서 탈색이 정지된다.
◦ 현재 미용실의 하이라이팅(high-lighting) 방식은 다음과 같다.

-토너(toner)를 입히기 전에 모발을 밝게 만들고자 할 때 하이라이팅 한다.

-아주 밝은 색상으로 섬세한 색조를 원할 때 하이라이팅 한다.

*탈색제는 토너 사용을 위해서 모발 전체를 탈색시키기도 하며, 모발의 특정 부분에 특별한 색조를 얻기 위해서도 사용한다. 그 외에 이미 염색된 모발에서의 색을 빼기를 원할 때, 염색을 시술했으나 원하는 색조가 아닐 때, 염색이나 탈색 시에 얼룩이 생겼을 때에도 사용된다.

◦ 탈색은 원하는 색상을 만들어 내기 위한 바탕 색소를 만들어 낸다. 이 새로운 색상은 이중염색 과정의 첫 번째 단계이거나 혹은 그 결과를 마쳤을 때이다.

◦ 탈색은 시술하기 전에 원하는 색조가 무엇인지와 현재 모발의 상태를 이해하는 것이 중요하다. 단지 버진헤어가 아니라도 탈색 세기 정도가 얼마인지 또는 오랫동안 어느 정도의 제품을 사용해 왔는지, 그리고 모발 다공성 등이 모든 조건들이 제품의 선택에 관계한다.

*모발색을 퇴색시키면 모발색이 밝아지기만 하는 것이 아니라 색균형이나 색조도 달라져 더 따뜻한 색을 띠게 된다. 모든 자연 모발색이 노란색 30%, 빨간색 20%, 파란색 10%로 이루어져 있으나, 모발 탈색은 동시에 3원색을 같은 비율로 제거시킨다. 자연색에서 3원색을 각각 10%만 제거하면 노란색 20%와 빨간색 10%가 남아 주황색이 된다. 자연 모발 색소를 탈색시키면 본래의 기본색에 따라 달라진다. 본질적으로 이러한 과정은 모발에서의 최종적 색조인 흰색 또는 금발에 이르기까지 점진적으로 색조가 없어진다고 볼 수 있다.
• 각 모발의 자연색은 모피질 내의 멜라닌이라는 모발의 자연색소에 의해 결정된다. 순수한 유멜라닌 색상은 페오멜라닌을 포함하고 있지 않기 때문에 탈색과정동안 나타나는 따뜻한 적색 또는 황금색 색조는 집중적으로 분산된 멜라닌 과립에 대한 빛의 작용이다. 페오멜라닌과 유멜라닌의 혼합은 두 가지 경로로서 탈색과정을 거친다. 페오멜라닌은 탈색에 저항적이므로 유멜라닌보다 더 많은 시간을 요하므로 한 번 이상의 탈색제 도포를 필요로 한다. 순수 산소는 점진적으로 제1멜라닌인 입자형 유멜라닌(R타입)을 산화한다. 즉 흑색이 어두운 붉은 모발로 밝게 상승되면서 분사형 멜라닌(J타입)인 페오멜라닌을 공격한다. 이는 붉은 갈색에서 밝은 노랑으로 이행되며, 점점 더 높은 밝기 상승으로 멜라닌이 완전히 없어지면 흰색을 얻을 수 있다. 태양의 자외선은 멜라닌을 탈색시킬 수 있을 만큼 강하지만, 그 과정은 점진적으로 이루어지므로 통제하기가 어렵다. 자연스러워 보이는 하이라이트는 자주 태양광선 빛으로 얘기되지만 자연적으로 되기는 매우 어렵다.
• 모발과 단리된(isolated) 유멜라닌 과립에 대한 탈색과정을 조절하는 요소에 대한 몇몇의 연구가 있어 왔다. 일반 적용에서 두 가지 뚜렷한 단계가 탈색과정에 포함되어 있다. 빠른 분해 단계에서 과립의 분산과 분해가 일어난 다음에는 훨씬 느린 단계가 형성된다. 대단히 비반응적인 유멜라닌이 H_2O_2에 의하여 쉽게 분해된다는 것은 놀라운 일로 분해는 과산화물에서 특유한 것같이 보이며, 약 pH 11에서 최대한 활성이 활발하게 일어난다.
• 분해는 검정에서 갈색으로 진행될 때 상당한 색 변화를 수반한다. 이는 어두운 모발에서의 탈색 동안에 종종 일어나는 적색화의 지각작용(perception of reddening)이 수반된다. 그러나 메커니즘에 관한 화학단계는 알려져 있지 않지만 탈색제는 모발색의 변화단계(level)가 영구적 염모제보다 높다. 일반적으로 제1제인 탈색제와 제2제인 H_2O_2는 현재 탈색제로서 사용되고 있는 산화제이며 농도 3%, 6%, 9% 등을 주제로 사용된다. 과황산염(암모니아 대처 제품으로서 H_2O_2와 만나면 산소 방출량이 빨라진다)도 가끔 촉진제로서 첨가되고 있으며, 탈색제는 pH 9~11의 안정화제로서 금속봉쇄제(Ethylene Diamine Tetraacetic Acid)를 사용하며 이는 과산화물의 분해속도를 낮추는 데 사용되기도 한다.

5-4. 탈색제의 효과(Effects of lighteners)

탈색의 강도는 자유산소의 수가 가진 볼륨에 관계한다. 일반적으로 산소를 방출할 수 있는 양에 따라 탈색 레벨의 등급이 결정된다. 탈색제는 모발의 색소를 분산시켜 색의 표백에 있어서 변화되는 단계를 거친다. 변화의 양은 모발이 얼마만큼 색소를 가지고 있는가, 시간, 농도, 양에 의해서 탈색제의 효과가 다르다.

자연 모발 색상이 탈색과정에 의해 정해지는 기여색소 10등급

검정색(등급 1) → 적보라색(등급 2) → 적색(등급 3) → 붉은빛 주황색(등급 4) → 주황색(등급 5) → 황금빛 주황색(등급 6) → 황금색(등급 7) → 진한 노란색(등급 8) → 노란색(등급 9) → 흐린 노란색(등급 10)

밝기의 7단계

검정색 → 갈색 → 적색 → 붉은빛 황금색 → 황금색 → 노란색 → 아주 흐린 노란색

- 어떤 등급의 탈색은 다른 등급에서보다 시간을 더 요구할 수 있다.
  - 모발에서 검정색 → 적보라색 → 적색의 3등급까지 이르고 나면 다음 단계인 붉은빛 주황색에서 주황색으로 탈색되기 위해서는 앞서 탈색된 시간보다 더 많은 시간이 걸린다.
- 등급 7인 황금색에서 노란색까지는 다른 등급보다 1~3시간이 더 필요하며 한 번의 탈색으로서는 불가능하다. 이러한 모발 탈색 과정에서 탈색에 요하는 시간은 여러 가지 요인인 자연모발색상(멜라닌의 유형), 모질(가는 모, 두꺼운 모 등), 모발의 길이, 모발의 상태에 따른 두개피부 상태 및 환경조건 등의 영향을 받는다. 일반적인 기준으로서 모발을 각 등급의 기여색소에서 탈색하는 데 소요되는 시간을 살펴보면 다음 표와 같다.

【표 5-1】탈색제 도포 후 기여색소 등급 결정시간

구분	자연모발색상		기여색소의 등급		등급 이동을 위한 소요(분)	총 소요시간 (분)
1		검정색		검정색	버진헤어	−
2		진한 갈색		적보라색	1	−
3		중간 갈색		적색	15	16
4		밝은 갈색		붉은빛 주황색	20	36
5		가장 밝은 갈색		주황색	15	51
6		진한 금발색		황금빛 주황색	15	66 (1시간 6분)
7		중간 금발색		황금색	20	86 (1시간 26분)
8		밝은 금발색		진한 노란색	15	101 (1시간 41분)
9		매우 밝은 금발색		노란색	10	111 (1시간 51분)
10		가장 밝은 금발색		흐린 노란색	10	121 (2시간 1분)

5-5. 탈색제로 인한 모발 손상

모발 탈색에 사용되는 H_2O_2는 3~12%까지의 용액으로 구성되어 있다. 대부분의 H_2O_2는 알칼리상 pH에서 가장 활동적인 반면, 과산화물은 산성용액 내에서 안정하다고 했다. pH가 감소되면 탈색도 현저하게 감소된다. 만약 과도한 탈색과정이 요구되는 프로스팅(frosting)이나 스트리킹(streaking) 기법이 필요할 때는 탈색활성제가 과산화물에 첨가된다.

이러한 촉매제 또는 활성제는 암모늄과 황산염칼륨의 혼합물로서 가루 상태 탈색제인 제1제이다. 알칼리성 pH는 과황산염(persulfates)이 혼합된 규산염(metasilicates)에 의해서 조절되나, 암모니아는 암모늄염에 의해 공급된다. 일반적으로 1제와 2제 혼합물은 모발에 풀상으로 적용시키나 탈색제 혼합물의 공격적 속성은 모발색을 파괴시키는 동안 모발에 심각한 손상을 초래시킴으로써 탈색 후 드러나는 결과색은 광택과 윤기를 잃어 푸석거린다.

탈색제와 모발 단백질의 반응

◦ 모발을 산화반응에 의해 밝게 하는 것이 탈색의 목적으로서 과격한 반응조건에 의해 색소과립은 파괴된다. 이때 산화제와 모발 단백질 사이의 부반응도 동시에 일어난다.

◦ 과도하게 탈색시킨 모발에서는 시스틴 이외에 메티오닌, 타이로신, 라이신, 히스티딘이 상당 정도 분해되었다. 따라서 18개의 모발 아미노산 중 이들은 산화되기 쉬운 아미노산으로 볼 수 있다.

  ─ 메티오닌은 산화가 쉽게 되며, 산화된 메티오닌은 설프옥사이드와 메티오닌 설폰이 될 가능성이 있다.

  ─ 전자 밀도가 높은 페놀기를 갖는 타이로신은 라이신, 히스티딘의 아민염보다는 산화되기 쉽지만 이들 아미노산의 유리 아미노기가 탈색용액 중에서 서서히 산화될 가능성이 있다.

◦ 산화 반응 작용이 대체적으로 잘 일어나는 모발 중의 5가지 아미노산 잔기에 대한 탈색효과는 아래 표와 같다.

【표 5-2】 탈색 중 아미노산의 손실

아미노산	μmol/g 건조모	
	미처리모	탈색 처리모
시스틴	1509	731
메티오닌	50	38
타이로신	183	146
라이신	198	180
히스티딘	65	55

● 요약

- 인종마다 일정하지 않는 단계에서 시작하는 모발색은 빨·노·파의 색균형을 가진 색원물질이다. 이는 유·페오라는 멜라닌 색소과립을 포함하고 있다. 멜라닌색소의 표백과정을 담당하는 탈색제는 멜라닌색소를 점차적으로 엷게 함으로써 새로운 모발색상을 위한 각 등급의 기여색소를 만든다. 즉 1~10단계인 검은~엷은 금발까지의 모발색 범주를 창출한다.
- 탈색제는 주로 제1제인 알칼리제로서 인산염 또는 탄산염 성분이 포함된 분말상 촉진제이며, 제2제인 과산화수소는 산화제로서 이를 혼합하여 사용한다. 이때 용해제의 pH가 높을수록 더 부풀어 오르고 더 깊이 스며들면서 탈색이 촉진된다. 즉 알칼리성의 pH상태는 H_2O_2의 분해를 더욱 촉진시켜 탈색속도를 높인다.
- 탈색단계는 자연모발색의 기본 레벨을 바탕으로 밝게 한 경우로서 시간이 지남에 따라 붉은색에서 주황색, 그 후 노란색 반사빛, 마지막으로 흰빛이 되면서 탈색이 정지된다.
- 탈색은 원하는 색상을 만들어 내기 위한 바탕색소를 만들어 낸다. 탈색을 시술하기 전에 원하는 색조가 무엇인지와 현재 모발상태를 이해해야 한다.

● 연습 및 탐구문제

1. 탈색제의 성분을 제1제와 2제로 분류하여 특징과 모발에서의 작용을 설명하시오.
2. 탈색제 유형에 따른 사용방법을 설명하시오.
3. 모발색의 밝기과정을 탈색제 적용에 따라 7단계로 분류하시오.
4. 모발색 균형이 갖는 기여색소 10등급에 한하여 설명하시오.
5. 탈색제와 모발단백질반응을 이해하고 탈색제는 어떠한 과정을 위해 사용해야 하는지 논하시오.

Chapter 06

염료와 염모 메커니즘
(Mechanism of dyeing material
and Colored hair)

● 개요

  자연은 단지 하나 또는 두 가지 색소과립인 유와 페오멜라닌으로 모발색을 다양하고 폭넓게 생산하다. 모발화학자들은 합성 또는 천연화학물질을 사용하여 이런 과정들을 모방하려 함으로써 동물, 식물, 광물 등의 모든 색이 있는 물질들을 염료의 재료로 사용하여 왔다. 염료로는 산화·이온성·금속성·반응성 염료 등으로 나뉘며, 모발 내 침착정도와 견뢰도에 따라 일시적, 반영구적, 영구적 염모제로 분류하며, 색의 정착에 따라 비산화, 산화염료, 염료제의 유형 등이 있다.

  다양한 음영과 색조·명암을 제공하는 색원물질인 빨강·노랑·파랑은 인도염료가 사용되며, 모발색이 2:3:1의 색균형을 갖고 있듯 색염료도 자연 모발색을 모방하여 제조되고 있다. 이 장에서는 일시적·반영구적 염모제인 비산화염료의 종류와 성분구성, 사용범주, 장·단점 등을 다루고, 영구적 염모제인 산화염료의 생성역사와 조성(전구체+커플러), 작용원리, 삼원색 메커니즘, 성분구성 등을 살펴본다.

● 학습목표

1. 염료와 염모제를 이해함으로써 비산화와 산화염료에 대해 설명할 수 있다.
2. 비산화염료인 반영구적 염모제의 성분구성을 통해 모발적용방법을 말할 수 있다.
3. 산화염료전구체와 커플러의 종류를 열거하고 활성 중간체의 다이아민의 화학반응과정과 구조를 작성할 수 있다.
4. 색원물질인 빨강·노랑·파랑 인도염료의 구조식을 작성할 수 있다.

● 주요 용어

일시적 염모제, 반영구적 염모제, 영구적 염모제, 색원물질, 전구체, 커플러, 인도염료

Chapter 06
염료와 염모 메커니즘

모발 염색은 2000년 이상에 걸쳐 행하여져 왔으며 각종 식물, 광물 혹은 동물 등의 염재로부터 채취된 물질이 염료제로 사용되어 왔으며 염료로서는 산화 염료, 이온성 염료, 금속성염료, 반응성 염료 등으로 나눌 수 있다. 염모의 메커니즘은 모발의 3층 내의 발색되는 부위에 따라서 크게 비산화염료와 산화염료로 나눌 수 있다.

---

* 염색의 기술적 기능은 각각 다른 형태를 취한다. 염모제가 모발에 대한 작용으로 우선 염료가 모발 최외면의 모표피에 접촉됨으로써 시작된다. 모표피층 표면에서는 계면현상인 경계면에서의 젖음이 관찰되고, 이어서 세포막 복합체를 통해서 모피질 내로 침투, 확산 현상이 일어나며, 경우에 따라서는 중합이라는 화학반응이 일어난다. 이러한 화학적 분류는 일차적으로 색의 정착(fastness)에 따른 것으로서 비산화・산화 염료로 나눌 수 있다. 과학자들은 화학약품으로부터 염료를 만들고 이를 다른 화학적 성분들과 혼합하여 염색제품을 만들어 낸다.

• 염색제품인 염모제들은 과학과 창조적인 예술 재능의 결합으로 hair colorist들에게 다양한 음영과 색조, 명암을 제공한다. 제공되는 색상들은 삼원색 중의 하나로서 세 가지 기본색인 빨강 인도염료, 노랑 인도염료, 파랑 인도염료를 사용하여 자연적인 모발색을 모방하고자 한다. 더 나아가 모발색을 연구하는 화학자들의 대부분은 노란색으로 구성된 염모제에 대해 노랑이라고 말하며 빨간색으로 구성된 염모제는 빨강이라고 말한다.

• 기초 색상이 노랑과 빨강인 염모제는 페오멜라닌 과립을 모방할 수 있으며, 대부분 파란색으로 구성된 염모제에 대해서는 기초색상이 파랑이라고 말하는데, 이는 차가운 느낌의 유멜라닌 과립을 대체할 수 있다. 따라서 삼원색을 혼합하여 염색을 위한 새로운 기초색상인, 즉 이차색상(secondary colors)을 만들었다. 그러므로 주황, 보라, 초록의 이차색은 염모제의 기초 색들을 혼합함으로써 제조할 수 있듯이 멜라닌의 혼합으로 만들어지는 자연 색상을 다양하게 모방하게 된다. 모방된 색조의 균형은 고객의 두개골에 대한 구조와 형태, 이미지 등을 위한 미용패션의 기본이 된다.

6-1. 비산화 염료(Nonoxidative colors)

비산화 염료제는 산성염료로서 pH 8~9의 약알칼리의 성질을 띠고 있으므로 적용 시 모발은 팽윤된다.

팽윤된 모표피를 통하여 한정된 양의 비산화 염료 분자들이 모발 속으로 침투함으로써 기존 모발색의 밝기를 그대로 유지해 주거나 더 어둡게 할 수 있다. 이 염료제는 H_2O_2를 사용하지 않기 때문에 모발에서의 기여색소가 변화되지 않아 모발색소를 더 밝게(lighten) 하지는 못한다. 이 제품은 촉진제나 활성제가 첨가되어 있지 않으므로 용기(bottle)에서 꺼내어 바로 사용된다.

색소

빛을 강하게 선택흡수 또는 선택 반사하는 고유의 색깔을 지닌 물질이다. 염료는 염색에 의해 염착된 섬유가 일광, 세탁, 마찰 등의 사용 누적에 견딜 수 있는 견고도를 지닌 색소를 말한다.

염모제의 분류

1. 기간별 분류
   • 일시적 염모제(유분성분 없는 제품)
   • 반영구적 염모제(헤어매니큐어, 코팅제)
   • 영구적 염모제(산화염모제)
2. 화학적 분류
   • 알칼리성 산화염모제
   • 저알칼리성 산화염모제(컬러터치)
   • 산성산화염모제(자연스럽게 doum 시킬 때 사용)
   • 산성염모제(직접염모제)

◦ **일시적 또는 반영구적 염료제가 비산화 염료제이다.**

모발의 자연색소인 기여색소를 근간으로 모발색상은 새로 더해지는 염료에 의해 원하는 색상이 만들어진다.

* 염색 시 모발에서의 변화는 단지 물리적인 현상일 뿐 화학 반응이나 새로운 화합물이 형성되지 않는 염료인 색소로만 구성되어 있다. 즉, 색만을 흡착시킬 뿐, 본래의 모발색은 표백시키지 않는다. 따라서 발모현상으로서 모발이 자라서 기염부인 염색된 부분과 차별되지 않음은 자라기 전에 이미 흡착된 색소가 빠지기 때문이다.
• 이는 염색소인 염료가 샴푸과정에서 색소가 벗겨짐으로써 빠져나감을 알 수 있다. 또한 사용하기에 간단하므로 초보단계의 **hair colorist**들도 자신감을 가지고 염색 서비스를 할 수 있을 뿐 아니라 염색을 꺼리는 고객으로서 알레르기 또는 모발의 기여 색소를 손상시키고 싶지 않을 때 부담 없이 시작할 수 있는 염료제이다.

1) 일시적 염모제(Temporary hair coloring)

◦ 일종의 컬러 마스크(color mask)로서 모발 케라틴을 화학적으로 변경시키는 일 없이 염료는 모표피에서 코팅됨으로 진정한 의미에서 화장품이라 할 수 있다.

일시적 모발 염색제품은 안전성 검사가 된 공인 염료제로서 인체에 순하고 안전하다. 성분으로서 NH_3나 H_2O_2가 들어 있지 않아 여러 번 사용한다해도 모발이 건조해지거나 쉽게 부스러지지 않는다.

◦ 일시적 염료제는 모발 케라틴을 화학작용에 의한 어떤 변화도 없는 직접염색방법으로서 모표피층을 감싸주기만 하기 때문에 1~2회의 샴푸에 의해 염료 색소는 벗겨져서 다음 샴푸할 때 곧바로 헹구어진다.

◦ 일시적 염료제에 들어 있는 하이라이팅 샴푸는 케라틴에 대하여 약간의 친화력을 갖고 있어 같은 모발 레벨에서는 연하게 반사빛을 없애 주면서 기초 염색모를 더욱 선명하게 해 준다.

* 천연 멜라닌과는 다른 식으로 빛을 흡수 및 반사시키는 형태를 가진 염료로서 모표피에 코팅된다. 즉 일시적 염료가 모발의 케라틴과 천연 멜라닌 색소를 덮음으로써 눈으로 보여질 때 다른 파장의 빛을 반사시킨다. 염료제는 아진 유도체(azine derivatives), 메틸 바이올렛(methyl violet), 메틸렌 블루(methylene blue), 인도아민(indoamines), 인도페놀(indophenols) 등이 있다.
• 이는 물 또는 기름, 알코올 등의 용매에 용해됨으로써 채색을 부여할 수 있는 물질이 된다. 분자 중에 설폰산염과 같은 친수기를 가지고 있으며 물에 가용성인 것을 수용성염료라 하며, 기름이나 알코올 등에 가용성인 것을 유용성 염료라고 한다. 대부분의 허가염료로서 발색단은 아조기 (-N=N-)를 지닌 것이 특징으로서 설폰산나트륨염(SO_3Na)을 가진 수용성염료는 화장수, 유액, 샴푸 등의 착색에 사용되며 설포산나트륨이 없는 유용성염료는 헤어오일 등의 유성화장품 등의 착색에 이용된다.

(1) 일시적 염모제의 종류

농축 용해액, 샴푸, 컬러 컨디셔너 등에서 세팅로션, 세팅 폼, 스프레이까지 다양한 형태로 출시되는 일시적 염료제는 이온결합에 의해 모표피 최외층(epicuticle) 표면에 안료 또는 염료를 접착·흡착시켜 염색한다.

컬러린스(color rinse)

물, 질소다이(age dyes)와 식물의 잎으로부터 만들어 낸 색상들의 화학적 혼합물로 이루어졌으며 모발에 하이라이트 또는 색을 착색시키기 위해 사용된다. 이들 린스계는 보증된 색을 함유하고 있으며 다음 샴푸 시 모발로부터 탈착된다. 컬러린스는 현재 크림이나 젤, 무스의 형태로 사용되고 있다.

하이라이팅 컬러샴푸(high-lighting color shampoo, progressive color shampoo)

컬러린스의 작용과 샴푸의 작용을 겸한 것으로서 이러한 샴푸는 두발을 밝게 해 주며 색에서의 농담(color tone)을 준다.

아이펜슬과 마스카라(eyepencil & mascara)

눈썹과 속눈썹에 색을 더해 주기 위해 사용되는 일시적인 제품과 같이 건조 모발에 어느 일정한 부분 또는 전체를 붓을 사용하여 색을 덧칠할 수 있다.

헤어 컬러 스프레이(hair color sprays)

분무식 착색제로서 헤어 렉카 속에 물, 염색소, 프레온 등의 혼합물로서 샴푸 된 모발에 스타일링을 한 후 분무식으로서 모발 표면에 도포된다. 여러 번 분무할수록 색상이 선명하다. 이것은 일반적으로 특별한 효과를 내거나 파티효과를 낼 때 또는 일시적으로 두발의 색깔을 바꾸거나 지속성 염모제를 사용하지 못하는 사람에게 쓰인다. 즉 두부(head) 전체에 광범위하게 분무하며, 분무 후에는 모발을 빗질하지 않아야 한다.

컬러 파우더(color powder)

물과 혼합하여 브러시를 이용 모발에 도포한다. 일반적으로 현재 미용실에서는 사용치 않는다.

컬러 무스(color mousse)

용기를 흔들어 사용해야 하며 전체적으로 자연스러운 명암을 줄 때 골고루 도포 후 완전히 건조되기 전 곱게 스타일링한다. 부분적으로 사용 시 컬러 무스를 손가락 끝으로 발라 모발 가닥에 문지르듯이 비비면서 훑어 내린다.

크레용(crayons color stick)

염료가 왁스에 혼합된 막대와 같은 모양으로 주로 염색된 후 버진헤어의 모근 쪽에 자란 부분에 대한 수정용으로 사용된다.

> * 염료고정 방법의 수단을 위해 유지에다 칼라 스틱으로 부착시키는 것과 젤모양의 염료는 수용성 폴리머의 젤로 부착되며, 컬러 스프레이나 컬러 무스는 고분자 수지로 접착된다. 특히 컬러 세팅 로션과 폼(foams)은 부드러운 폴리머 필름(softened polymer films)을 용제에 용해시켜 모발 염모제와 혼합시킨 신기술을 이용한 제품이다. 이는 염료제를 모발에 도포시킨 후 건조시키면 조밀한 투명 폴리머 필름이 모간(hair shaft)을 코팅시킨다. 필름으로 인해 다공성 모발에 염료제가 스며들지 못할 뿐만 아니라 점성도나 조밀도가 높아 사용 시 또한 조절하기 쉽다.

(2) 일시적 염모제의 장점

모발 본래의 멜라닌을 코팅하여 감쌈으로써 눈으로 볼 때 다른 파장의 빛을 반사시킨다. 모발색을 표백할 수 없는 일시적 염모제는 샴푸 시 본래의 색으로 돌아오므로 안전하고 쉽게 사용할 수 있다.

- 염료가 모표피에 물리적으로 강하게 흡착되어 색소를 씌움으로써 모발의 상태는 구조적으로 변화시키지 않으면서 일시적 착색으로 인해 여러 컬러로 밝게 할 수 있다.
- 퇴색되었던 모발을 원래의 색으로 일시적으로 되돌릴 수 있다.
- 흰모발이나 회색모발의 누르스름한 빛을 자연스러운 색상으로 보이게 하거나 빛나는 모발색을 가라앉힐 수 있다.
- 반영구적 또는 영구적 염모제 사이에 색을 침투시킬 때 사전 색소 침착에 이용한다.
- 암모니아와 산화제가 들어 있지 않으므로 알레르기 반응검사(patch-test)는 하지 않는다.

(3) 일시적 염모제의 단점

본래의 모발색보다 어두운 염모제는 다공성이 많은 모발의 경우 얼룩이 남길 수 있듯이 밝은 금발을 어두운 색으로 염모 시에는 특히 주의를 기울여야 한다.

- 염색의 수명이 짧아서 매번 샴푸 후에 다시 적용해야 한다.
- 염료제의 막이 얇게 형성되므로 염색이 고르지 못하게 될 수도 있다.
- 베게나 옷 등에 염료가 묻어나고, 땀이나 다른 물기에 묻어날 수 있다.
- 모발의 색은 어둡게는 할 수 있어도 밝게는 하지 못한다.
- 모발에 다공이 많을 경우 착색이 될 수 있으며, 굉장히 밝은 모발에 어두운 색을 사용했을 경우 착색이 될 수 있다.

2) 반영구적 염모제(Semi-permanent hair coloring, direct dyes)

염색 촉진제가 필요 없으므로 직접 염모제라고도 한다.

케라틴에 대한 친화력(affinity)에 있어서는 일시적 염모제와 비슷하다. 케라틴과 컬러 분자에 대한 흡착력을 뜻하는 친화력은 컬러색소를 더 오래 유지시킨다는 뜻으로서 작은 색소입자, 용매, 알칼리 팽윤제, 계면활성제 등을 사용할 시 더 많은 염료가 모발 외피에 흡착되나 첨가제를 이용한 반영구적 염모제는 대개 모발 바깥층에 흡수되어 모표피를 얼룩지게 한다.

대부분 반영구 염모제는 암모니아보다는 알칼리제를 H_2O_2보다는 산화제를 사용한다.

여기에 사용되는 알칼리제나 산화제의 성질이 제품 자체가 달라 모발에 손상을 덜 주는 것이 아니라 영구 염모제보다 성분에 있어서 농도를 약하게 적용시키기 때문이다.

반영구적 염색제는 4~6주 동안 샴푸 횟수에 의해 지속되도록 고안된 것이다.

약간의 침투작용을 통해 모피질에 색이 흡수될 뿐만 아니라 모표피에 침투, 흡착되어 약간의 막을 입힌다.

케라틴과 매우 강한 친화력에 의해 흡착만으로도 같은 색상을 더욱 어둡게 또는 하이라이트로 포인트 컬러(탈색시킨 기여색소 위에)를 할 수 있다.

산화제나 암모니아가 들어 있지 않으므로 모발의 자연 색을 탈색시키지는 않지만 자연모의 탈색된 모발뿐만 아니라 이미 영구적 염모제로 염색된 모발에 독특한 컬러를 연출시킬 수 있다.

---

* 산화제 없이 모발에 도포되는 직접 염모제인 반영구적 염료는 알칼리 형태로서 모표피를 열고 들어간 색입자들은 모피질에 있는 수소결합과 결합한다. 특히 붉은색 입자는 가장 입자가 적어 쉽게 모발 속으로 들어갈 수 있는 반면 쉽게 빠져나오기도 한다. 염료제는 붉은색과 노란색을 띠는 니트로페닐렌다이아민(nitro-phenylenediamines)과 푸른색을 가진 안트라지논(anthraguinones)의 조합 비율에 의해 색의 범위가 확대되었다.
* 반영구 염모제는 모발의 색을 변화시킴으로써 어둡게 하거나 반사빛을 이용하여 밝게 할 수도 있는 지속성을 지닌 염료를 흡착시켜 주지만 본래의 모발색을 밝게 해 주지는 못하므로 종종 no lift 흡착 염료라고도 한다. 이 염모제는 백모를 덮어 주거나 색조모발(pigmented hair)의 색상을 강화시키는 데 사용한다. 반영구 염모제는 적은 용량의 촉진제와 혼합하기 때문에 lifting없이 염색되므로 영구 염모제보다 알칼리성에 대해서는 약하며 순하다.

---

(1) 반영구적 염모제 성분구성

유색인에게 안색을 돋보이게 하거나 자연 모발색이 너무 밝거나 칙칙한 사람에게는 특히 효과적이다. 제조회사에 따라 아닐린 유도체를 함유한 반영구적 염모제는 알레르기 반응검사를 필요로 한다.

◦ **용매는** 염색제의 용해를 위해 첨가된다.
◦ **양이온성 계면활성제는** 두발의 섬유질에 염색제의 침투를 가능하게 한다.
◦ **염료는** 반사빛을 동반하게 한다.
◦ **거품제는** 샴푸처럼 편하게 사용할 수 있게 하기 위해 첨가한다.
◦ **연마제는** 빗질과 두발을 매끄럽게 한다.
◦ **재생제는** 트리트먼트 성분첨가에 의해 두발을 부드럽게 한다.

---

* 제조업체의 지시를 따르도록 해야 하며 첨가되는 성분은 용매체, 양이온계면활성제, 염료, 거품제, 연마제, 재생제 등이다.

---

(2) 반영구적 염모제 사용 범주

순한 알칼리성 염료로서 대부분의 알칼리 제품처럼 염색 후에는 약한 산성 샴푸로 샴푸잉 후 산성 컨디셔너나 린싱 처치를 함으로써 알칼리 잔여물이 중화되어 모발 pH 값이 보통 수준으로 회복된다. 액체, 크림 타입, 폼제 및 무스제, 반영구적 염모제가 함유된 샴푸류 등의 종류를 가진 이들 염료는 다공성, 가열상태 도포 방치시간에 따라 그 효과는 차이가 있으며, 사용 범주는 다음과 같다.

원래의 자연 모발색에 영향을 미치지 않으면서 흰모발을 감추거나 부분적으로 조화시키려 한다.

대부분의 반영구적 염모제는 흰모발이 25% 이하일 경우를 대상으로 만들어졌다.

원래의 자연 모발색에 영향을 미치지 않으면서 흰모발을 좋은 상태로 바꾸거나 부분적으로 조화시킨다.

색상에 따라서는 흰모발이 얼마만큼을 차지하든 간에 성공적으로 염색할 수도 있다.

모발색의 농담을 밝게 하거나 향상시킨다.

반영구적인 염색은 금색이나 붉은색 등으로 하이라이트를 더해 주거나 모발색을 짙게 할 때 사용한다.

원하지 않는 색의 제거로 실제보다 더 잘 보이게 한다.

파스텔 색조를 얻기 위하거나, 영구적 염모제의 도포 후 윤기 및 광택을 위하여 모발에 색을 더하여 탁하지 않는 밝은 색조를 내고자 할 때 사용한다.

이미 산화 염색된 모발 또는 자연모발에 풍부한 반사빛을 주고자 할 때 사용한다.

(3) 반영구적 염모제의 장점
◦ 염모제는 제1제만으로 자체적으로 침투한다.
◦ 염모제는 매번 같은 방법으로 사용한다.
◦ 손질을 할 필요가 없다.

◦ 베개나 옷에 묻어나지 않는다.

◦ 샴푸의 횟수에 따라 차이가 있으나 시술 후 4~6주가 지나면 모발은 원래의 자연색을 되찾게 된다.

◦ 두개피부 가려움증이나 알레르기를 일으키지 않는다.

◦ 탈색된 모발에 선명한 색상을 내고 싶을 때 영구적 염모제보다 선명하고 다양한 색을 표현할 수 있다.

(4) 반영구적 염모제 시술방법

일부 염료는 모피질 내의 염결합(salt bond)과 결부되도록 고안함으로써 염료의 친화력을 크게 증가시킨다.

◦ 색조가 착색된 모발을 영구적으로 밝게 하는 데 사용하기도 한다.

◦ 샴푸 후 타월 드라이한 모발에 염료를 도포해야 한다.

　－샴푸잉의 역할은 모발에서의 모표피를 팽윤시키고 모발 표면의 피지를 제거하므로 염료를 더 잘 받아들이도록 하는 데 기여한다.

◦ 염료 도포 전 다공성이 지나친 모발에만 가려 컨디셔너제를 바른다.

　－건강모의 컨디셔너제 도포는 모표피에 막을 형성시킴으로써 염료가 모발 안쪽으로 침투되는 것을 방해한다.

* 일시적 염모제와 반영구 염모제의 가장 큰 차이점은 모발 케라틴에 대한 친화력으로서 염료 입자가 모발 케라틴에 얼마나 강하게 흡착하느냐와 색상이 모발 내에 얼마나 더 오래 유지되는가에 대한 지속력에 있어서 이들의 염모제는 비슷한 점을 가지고 있다. 염색에 있어서 촉진제가 필요 없는 산성염료는 모표피 내와 모피질 내의 일부까지 침투되어 이온결합에 의해 염착됨으로써 염색된다.

• 분자량이 큰 염료의 경우에는 벤젠 알코올 등의 용제들을 이용하여 캐피어 효과에 의해 침투를 용이하게 한다. 이 제품을 코팅 컬러 또는 산성 컬러라 하며 화장품인 제1제만으로 구성된 이 성분은 auto-oxydable은 공기 중의 산소와 반응함으로써 모발색상을 고정시킨다. 헤어 매니큐어 또는 직접 염료라 하며 이는 약산성 반영구적인 비산화 염모제의 분자들로서 모발에 침투한 후에도 분자들 간에 중합하지 않으므로 같은 색소 크기로 유지된다.

• 샴푸 시 모발이 약간 팽윤(swelling)하기 때문에 염모제 분자들이 매번 씻겨 나가므로 지속력은 모발의 다공성이 적을수록 효과가 좋다. 또한 모발 속에 갇혀 있는 염모제의 분자 크기 및 사용하는 샴푸의 알칼리도에 의해서도 모발에 갇혀 있는 색조를 얼마나 고정시킬 수 있는가에 의해 달라진다. 모발에 흡착된 색소를 좀 더 오래 유지(fix)시키기 위해서는 pH 4~6.9 산성샴푸와 컨디셔너를 사용할 수 있다.

6-2. 산화 염료(Oxidative color)

모발의 색을 바꾸는 방법은 3가지로서 염료 분자를 만들어 내는 화학반응은 매우 복잡하여 과학자들도 완전히 이해하지 못하고 있다. 최종 결과색을 생성해 내기까지 이런 화학물질들의 조합은 수십 가지의 화학반응을 일으킨다. 탈색처리에 의한 모발의 색을 보다 밝게 하는 방법과 인공적으로 색을 모발에 부여하는 방법 등이 있으며 또한 이 둘의 방법을 동시에 시술에 이용함으로써 모발색을 바꾼다.

1) 조성 및 염색조건

산화성 염료는 활성중간체를 형성하는 염료 전구체와 활성중간체를 결합시키는 염료 커플러, 산화제인 현색제의 3성분으로 구성되어 있다.

> *일반적으로 이들의 반응은 pH 8~10의 알칼리영역에서 일어난다. 전구체, 커플러 및 산화제의 비를 조정함에 따라 모발을 한 단계 밝게 또는 검게 하는 것이 가능하다.

산화염료 전구체

자신의 산화에 의해 발색하는 o, p- 위치의 페닐렌다이아민, 아미노페놀과 그 유도체이다.

◦ 베이스 염색제 또는 베이스 전조제로서 명도를 나타내는 이들은 색상의 안착을 돕는 불투명한 색상을 만들며 쉽게 산화하는 성질로 2차적인 전조제와 혼합하여 매우 다양한 색상을 나타낸다.

◦ 산화염료 전구체는 아닐린 유도체이다.

◦ (ㄱ~ㅇ) 이는 관능성의 오류 혹은 p-다이아민 또는 퀴논이미니움이온까지 산화되어 얻는다.

　－다이이미니움이온 또는 퀴논이움이온은 산화염료에 있어 활성중간체이다.

◦ 산화염료 중합은 전자 밀도가 높은 방향족 화합물로서 보통 아미노기나 페놀 수산기의 파라 위치는 치환기를 갖고 있지 않다.

◦ 산화염료 전구체를 커플러를 첨가하지 않은 상태에서 산화시키면 보통

회색 또는 흑갈색의 색조를 갖는 화합물을 형성한다.
◦ 중합 그 자체를 산화해도 일반적으로 색의 변화는 거의 없지만, 전구체
  와 산화제로서 산화하면 전구체에 의해 형성되는 색조는 변화된다.

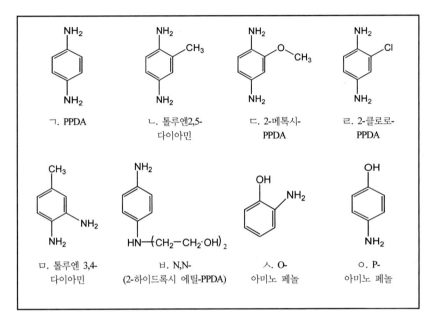

【그림 6-1】 산화염료 전구체

산화염료 커플러

염료 전구체와의 조합에 의해 여러 가지의 색조로 되는, 페닐렌다이아민,
아미노페놀, 다가페놀류 등이다.

◦ 색상단속제 또는 변형제로서 반사빛을 낸다.
◦ 메타 위치에서는 형성되는 유도체들로서 그 유도체 자체만으로는 색상
  이 착색되지 않으므로 베이스 전조제와 병행하여야 최종 색으로서 발
  색에 의한 변화 또는 색상의 수정이 가능하다.

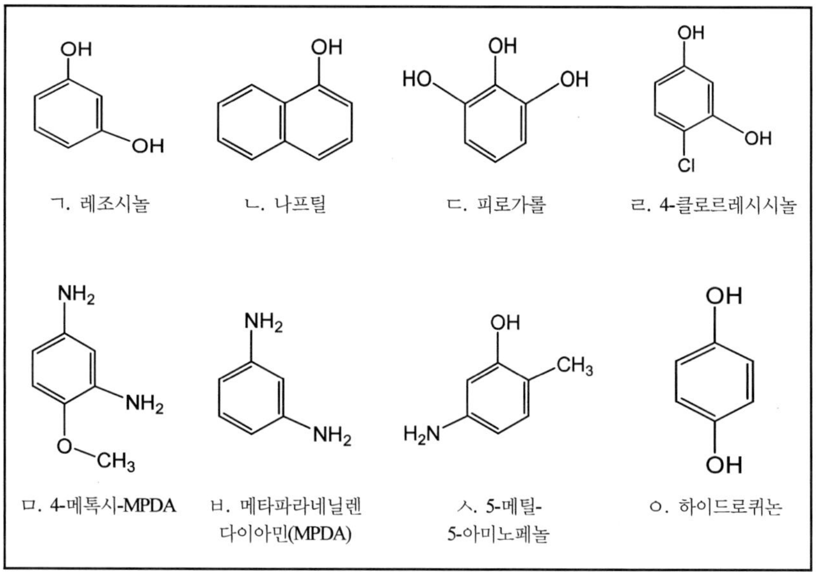
OH
OH
ㄱ. 레조시놀
OH
ㄴ. 나프틸
OH
HO
OH
ㄷ. 피로가롤
OH
OH
Cl
ㄹ. 4-클로로레시시놀
NH2
NH2
O
CH3
ㅁ. 4-메톡시-MPDA
NH2
NH2
ㅂ. 메타파라네닐렌
다이아민(MPDA)
OH
CH3
H2N
ㅅ. 5-메틸-
5-아미노페놀
OH
OH
ㅇ. 하이드로퀴논

【그림 6-2】 산화염료 커플러

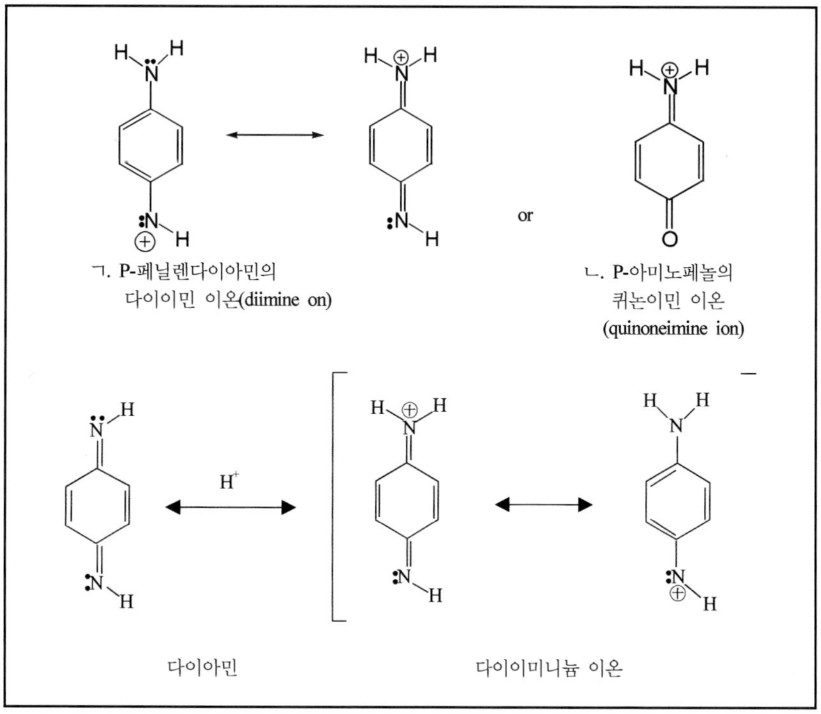
or
ㄱ. P-페닐렌다이아민의
다이이민 이온(diimine on)
ㄴ. P-아미노페놀의
퀴논이민 이온
(quinoneimine ion)
H+
다이아민
다이이미니늄 이온

【그림 6-3】 산화염료 반응에 있어서 활성 중간체인 다이아민

2) 산화염료의 작용원리

* 자연은 단지 하나 또는 두 가지 색소과립인 유와 페오멜라닌으로 모발색을 다양하고 폭넓게 생산한다. 모발화학자들은 합성 또는 천연 화학물질을 사용하여 이런 과정들을 모방하려는 많은 시도가 있었으며 그 과정들 또한 넓게 이용 가능한 적용 범위를 받아들였다. 그러나 대부분의 모발 염색은 원하는 바람직한 색조를 생산하기 위해 수많은 염모제의 혼합에 따른 제조 과정을 의지해야 한다.
* 일반적으로 다양한 빛깔의 색조는 10~20개의 개별적 염모제들이 포함되어 생산될 수 있었다. 그러나 염모제 개발자들은 염색단계로서 염모 후의 손질과 샴푸, 환경적 노출을 통해서 색의 지속적인 유지뿐만 아니라 염색제(1제와 2제) 비율을 다루는 것까지 연구되어 오고 있다. 염모제 생산은 다양한 종류로 나눌 수 있다. 즉, 관습적인 관점에서 보았을 때 염모된 모발에서의 색이 가지는 지속력인 색상보유 기간에 대한 특성에 따라 염모제를 분류시켰다고 볼 수 있다. 그러므로 몇 번의 샴푸로도 무한히 지속될 수 있는 영구적 염모제나 단 한 번의 샴푸에 의해서 제거되는 일시적 염모제들로서 샴푸의 횟수에 의해 염모제 종류들이 생산된다.
* 산화 또는 영구 염모제는 특히 미국에서 가장 중요한 모발 염모제로서 색은 방향족 아민과 페놀의 결합반응에서 야기됨과 함께 H_2O_2에 의한 모발 섬유 내의 생산 반응물이다. H_2O_2의 사용됨은 모발의 멜라닌 색소를 동시에 탈색(bleach)시키고 결과색으로서의 모발색보다 더 밝게 만든다.

산화염모제는 염색 과정을 위해 전구체, 커플러, H_2O_2 등 세 가지 중요한 구성성분의 역할을 필요로 한다.

◦ 산화작용에 따른 색 형성의 주요 중개물은 파라(para) 위치의 전구체 역할(amino, $H_2N-\text{⬡}-NH_2$)과 하이드록시 방향족(hydroxy aromatic, $\text{⬡}^{OH}_{NH_2}$) 화합물이다.

 － 아미노페놀과 페닐렌다이아민이 주로 많이 사용되고 있다.

◦ 커플러들은 초기 중개물에서 염모제 형성까지 산화작용에 의해 제품과 반응한다.

 － 커플러 자체로서는 산화될 때 스스로는 색을 생성시킬 수는 없는 물질이다.

◦ 염색 과정에서의 대부분 사용되는 최종성분은 산화제인 H_2O_2이다.

◦ 산화염모제는 대개 pH 9~10의 알칼리 상태의 조건에서 염모 과정이 진행된다.

 － 염색에 사용되는 알칼리는 암모니아와 알칼로아민을 사용하나, 일반적인 효과는 암모니아보다 적은 효력을 가지므로 암모니아를 주로 사용한다.

◦ 염모 시에 적용되는 알칼리성 용액은 제1제인 염료 색소 성분 속에 포함되어 있으며, pH 3~5의 보관을 요하는 제2제인 과산화물과 함께 반드시 혼합되어 사용해야 한다.

 － 염모제 제1제와 제2제의 동량 혼합물은 모발에 도포된 후 20~40분 정도 진행과정 후에 샴푸잉과 린스를 한다.

○ 염모제는 산화작용에 민감하기 때문에 상품제조 과정 중에서나 상품 제조 후 보관 동안 자동산화(토토머 현상)에 의한 dark-colored의 형성을 막기 위해 항산화제를 첨가시킨다.

　－황산나트륨(Na_2SO_4)은 가장 일반적으로 사용되는 항산화제이며, nitrogen blanket는 제조 공업 과정 중에 사용된다.

　－항산화제의 유효성은 염색 시간 동안의 반쯤 차인 염색제병의 저장에 의해 엄격하게 부여된다.

3) 산화 염모제의 삼원색 메커니즘

○ 일반적으로 초기 중개물에 반응하는 이민(imine, ④)으로 산화되었다. ④는 모노파라벤조퀴논 또는 다이이민(para-benzoquinone mono or diimine)으로서 그것은 다이페닐아민 유도체(⑥)를 가져다주는 염료 커플러에 대한 전자밀도를 그다음 공격한다. 다이페닐아민은 인도염료(⑦)로 산화되고, 다이페닐아민 유도체를 가져다주는 인도염료는 기본적인 산화 염색제의 색원물질(basic chromophoric unit)이다.

○ 색조의 전체 범위는 단순한 혼합관계로 공식화 된다.

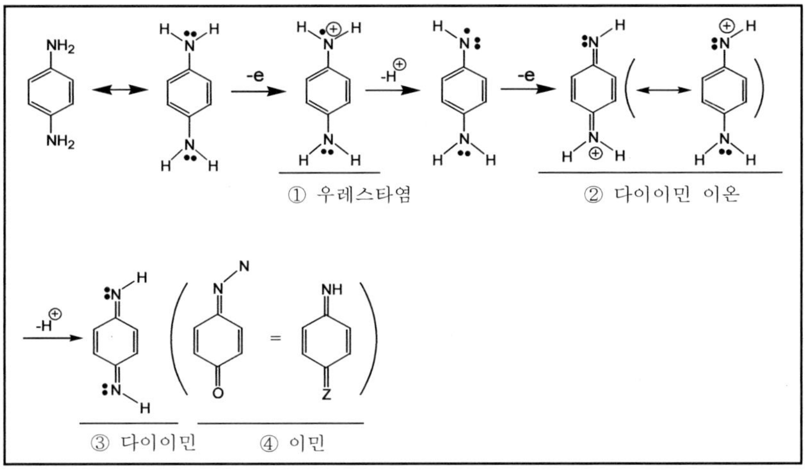

【그림 6-4】 산화염료의 반응활성 중간체

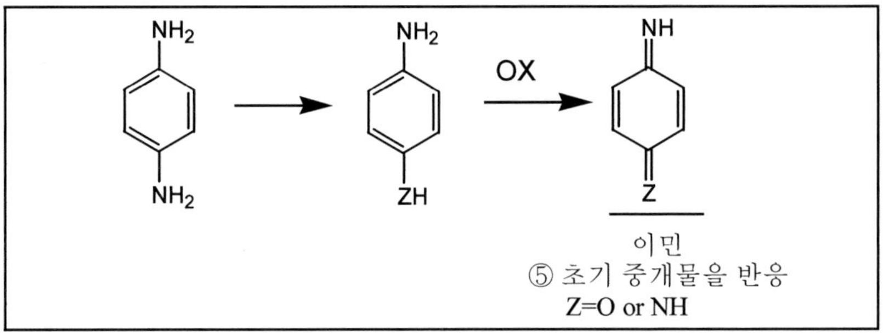

【그림 6-5】 이민(imine)으로의 산화

(1) 인도염료

산화염모제의 기본 색소 단위인 색소체(chromophoric unit)로서 인도염료의 3원색인 파랑, 빨강, 노랑/갈색에 대한 구조식은 다음과 같다. 색조의 전체 범위는 단순한 혼합관계로 공식화됨으로써 염료제의 다양함을 가질 수 있다.

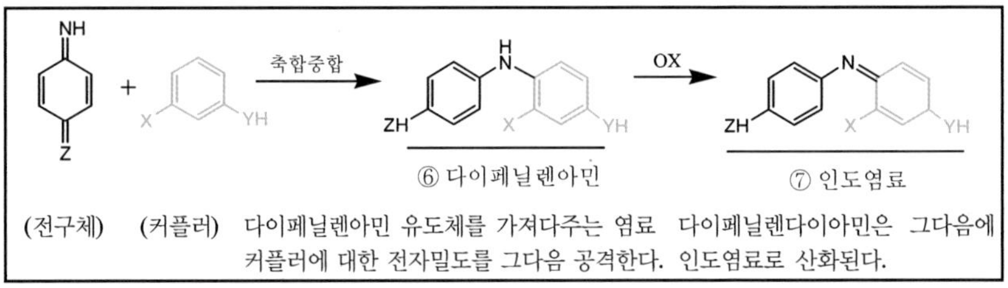

【그림 6-6】 산화염색제에서의 3원색 크로모포어 단위

파란색 인도염료(blue indo dye)

전구체인 파라-다이아민(para-diamines,)과 커플러인 메타-다이아민(meta- diamines, or) 또는 페놀의 혼합물로부터 형성된다($X=NH_2$, $Y=NH$).

| 다이페닐아민 + 메타 다이아민 | 인도염료
(색소체) | 청색 인도염료 |

빨간색 인도염료(red indo dye)

전구체인 파라-다이아민 또는 파라-아미노페놀(or)과 커플러로서 메타-아미노페놀()의 혼합물로부터 형성된다($X=NH_2$, $Y=O$).

| 파라다이아민 + 파라아미노페놀 | 인도염료
(색소체) | 빨간색 인도염료 |

노란/갈색 인도염료(yellow/browns indo dye)

전구체인 파라-다이아민 또는 파라-아미노페놀(or)과 커플러로서 레조시놀()의 혼합물로부터 형성된다($X=OH$, $Y=O$).

| 다이페닐렌아민 + 레조시놀 | 인도염료
(색소체) | 노란/갈색 인도염료 |

4) 산화 염모제의 성분 구성

pH 8~10의 알칼리 영역에서 전구체, 커플러(coupler) 및 산화제의 비를 조정함으로써 모발을 밝게 또는 어둡게 연결할 수 있다.

초기반응으로 모발 중에서 과산화수소에 의해 염료 전구체(p-페닐렌다이아민)가 산화되어 다이아민류가 생성, 염료 전구체와 커플러와의 조합에 따른 중합도의 차에 의해 다양한 색조를 얻을 수 있다.

염료(PPDA, 레조시놀 등), 알칼리제(NH₃, NaOH, MEA), H₂O₂, 계면활성제, 항산화제, 금속봉쇄제, pH 조정제 등으로 구성되어 있다.

염색제의 주성분은 파라페닐렌다이아민(검은색), 파라톨루엔다이아민(갈색), 메타다이하이드록시벤젠(회색), 파라아미노페놀(붉은색 or 갈색), 메타페닐렌다이아민(갈색) 등의 화학제품들의 혼합으로서 다이아민, 아미노페놀(아미노 나프톨), 페놀 등 3가지 주된 화학적 구성체인 원자의 혼합체이다. 이들은 H₂O₂와 혼합하여 산화현상과 중합반응에 의해 생성된 염색 색소들이 두발의 케라틴에 결합하게 되는 것이다.

재질

두발의 보호와 제품의 사용을 쾌적하게 하며 액상화 과정을 쉽게 할 수 있도록 크림, 젤, 오일 종류로 생성시켜 주며, 염료제의 농도를 조절하고 지방질(제품이 모발에 안착될 수 있도록)의 성분과 영양 제품들이 들어 있으며 이를 용매인 오쏘에뮬져너블왁스(ortho emulsionable wax)라고 부른다.

베이스 염색제 또는 베이스 전조제

파라톨루엔다이아민(p-toluenediamine)을 사용하거나 또는 유도체(P 또는 O- amino- phenol, P 또는 O- hydroxy benzene)를 혼합 사용한다.

단속제 또는 변형제(색상 단속제)

단독으로는 색상을 나타낼 수 없거나 아주 미미하다. 그러므로 단속제 (Meta를 많이 사용) 또는 베이스 전조제와 혼합시켜 사용함으로써 색상이 드러난다.

직접염료

두발에 머물러 있는 색상으로서 최종적인 색상에 광택을 더해 준다.

알칼리 성분

암모니아수로서 모표피를 팽윤시켜 열어 주는 역할과 제2제 H_2O_2와 혼합 되어 탈색 및 발색의 역할을 한다.

- 색소형성에 필요한 pH조절를 조절한다.
- 모표피 팽창과 케라틴 사슬을 연화시킨다.
- 촉진제(actervater) H_2O_2와 혼합 산소방출을 가속화 산화제의 분해를 돕는다.

산화방지제

액체 염색 촉진 첨가물에는 자유 라디칼을 제거해 주고 컬러 퇴색을 최소 화해 주는 항산화 토코페롤 아세트산(Vt E)과 두발에서 염모제를 도포할 때 시술을 위한 지연제로서 환원제인 싸이오글리콜산을 사용한다.

금속봉쇄제

칼슘보다 납과의 친화력이 더 크므로 납과 결합한 납-EDTA는 용해성이 있기 때문에 소변으로 배출된다.

산화제의 역할

- 자연적인 멜라닌 색소를 2-3tone(20~30 vol 사용 시)까지 산화시킨다.
- 인위적인 색소의 산화를 도와 발색이 되는 염색제를 변화하도록 한다.
- 알칼리 성분이 함유된 염료제와 산화제가 혼합되었을 때 다이이민들은

변화를 일으켜 새로운 화학성분을 형성한다.

◦ 두발에 위치한 반드로우스키염기(Bandrowskis base)는 산화 과정을 진행
해 감으로써 변화를 일으켜 색상의 중합체인 결과 색상을 얻게 된다.

◦ H_2O_2는 산화작용을 일으키는 촉매로 사용되면서 산화제와 알칼리제의
반응으로 생긴 산소로 인해 염모제 속의 인공색소는 고분자 화합물로
바뀌면서 발색이 된다.

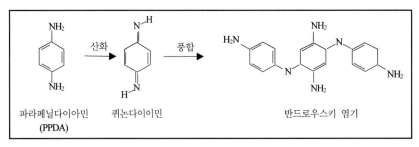

파라페닐다이아민　　　퀴논다이이민　　　　　　　반드로우스키 염기
(PPDA)

【그림 6-7】 산화염료 반응 생성물에서의 반드로우스키 염료

* 염모 제1제인 산화염료(염료 중간체 + 색소 중간체)와 알칼리제(NH_3) 암모니아가 탈색작용과 동시에 저분자 화합물인 염료중간체를 고분자 화합물로 결합시켜 발색에 따른 화학작용과 함께 H_2O_2의 산소가 염료와 결합되는 과정을 통하여 이 과정에서 염모제 분자들은 서로 사슬을 형성, 큰 분자로서 모발의 모피질로부터 빠질 수 없게 된다.
* 시스템에 대한 다양성이 전반적 색상 분야에 대한 연구를 활성화시켰다. 일반적으로 염료의 높은 농도와 과산화물은 적용온도의 증가와 마찬가지로 보다 더 강렬한 색(intense color)을 줄 것이다. pH의 효과는 복잡하다. 비록 색상은 보통 단조롭기는 하지만 염료 강도가 강해질 동안 탈색은 낮은 pH에서 현저하게 감소되었다.
* 산화염모제는 H_2O_2와 같은 비율 또는 1:1로 혼합하여 사용된다. 이 염모제는 주로 20볼륨(6%)의 H_2O_2와 같은 비율로 혼합되며 lift level은 1 또는 2이다. 30볼륨(9%)의 H_2O_2와 같은 비율로 혼합되는 영구 염모제는 lift level이 약 3이고, 40볼륨(12%)의 H_2O_2와 같은 비율로 혼합되면 lift level은 4까지 올라간다.
* 자연적인 멜라닌 색소를 2~3tone(20~30 vol 사용 시)까지 산화시킨다. 인위적인 색소의 산화를 도와 발색이 되는 염색제를 변화하도록 한다. 알칼리 성분이 함유된 염료제와 산화제가 혼합되었을 때, 다이이민들은 변화를 일으켜 새로운 화학성분을 형성한다. 두발에 위치한 반드로우스키염기(Bandrowskis base)는 산화 과정을 진행해 감으로써 변화를 일으켜 색상의 중합체인 결과 색상을 얻게 된다. 결국 염모 제1제인 산화염료(염료 중간체 + 색소 중간체)와 알칼리제(NH_3) 암모니아가 탈색작용과 동시에 저분자 화합물인 염료중간체를 고분자 화합물로 결합시켜 발색에 따른 화학작용과 함께 H_2O_2의 산소가 염료와 결합되는 과정을 통하여 이 과정에서 염모제 분자들은 서로 사슬을 형성, 큰 분자로서 모발의 모피질로부터 빠질 수 없게 된다.

5) 산화 염모제의 작용시간

염모제 도포 후 25~35분간 방치한다. 이때 멜라닌 색소의 탈색이 이루어
지고 그 자리에 인공색소가 발색하여 착색되는 시간이 필요하므로 방치시

간을 충분히 갖도록 한다.

탈색

제1제중의 알칼리제와 제2제의 H_2O_2와의 반응에 의해 O가 발생하여 모발 내부의 멜라닌을 분해한다.

발색

본래 색을 지니지 않는 산화염료가 발생하는 산소에 의해 중합됨으로써 색을 발한다(염료의 산화중합이라고 한다). 이때 색은 큰 입자를 형성물에 불용성으로서 모발 내부로 흘러나오지 않는다.

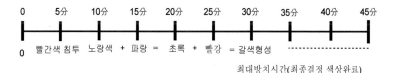

【그림 5-8】 백모 위에 갈색 염모제 도포 시 발색 진행과정

* 1863년 독일의 호프만(Hoffmann)에 의해 파라 페닐렌다이아민(para phenylenediamine: PPDA)이 개발되면서 산화염료에 의한 안전한 염색기술이 가능하게 되었다. 영구적인 모발 염색제는 PPDA라는 방향족아민의 유도체가 사용되면서 분자의 치환체를 바꾸면 여러 가지 색을 나타낼 수 있다. 모발을 염색하는 데 최초의 합성염료를 사용한 것은 1883년으로서 이때부터 염색공정의 과학이 크게 발전하였다. 염모제는 제품으로서의 개발이 매우 어려운 전문적인 분야로서 미용실에서 사용하는 제품 중 가장 정밀할 뿐만 아니라 화학적으로 복잡한 제품이다. 색상의 유지력을 가진 유기 염료제인 산화염모제는 염색제(activator)와 산화제의 혼합물로서 사용 직전 혼합하여 시술한다.
- 염색 촉진제에 포함된 산화제가 산화반응을 일으켜 염착을 촉진시킨다. 산화염료는 모발 내의 화학변화를 야기함으로써 단 한 번의 사용으로 색상을 염착시킬 수도 있으며, 본래의 모발색을 밝게 해 줄 수도 있다. 염료의 제조공식 및 화학적 특성 중 가장 중요한 중간 생성물은 색조생성 화합물(color producing chemicals)로서 산화작용이 일어나면서 주요 중간 생성물들은 다양한 색상을 만들어 낸다.
- 일반적으로 산화염료에는 둘 이상의 주요 생성물이 포함되는 경우도 있다. 이들은 저분자의 아민계, 페놀계 화합물인 산화 염료을 모발 내에 침투시켜 동시에 산화제의 작용에 의한 산화 중합과정에서 고분자의 색소를 형성 모피질 내에 침착시킨다.
- 산화염료의 제1제는 염료 전구체 및 커플러로서 염료 전구체는 산화되어 다이이미니움이온 또는 퀴논이미니움이온 등의 활성 중간체로 된다. 이들 활성 중간체는 레조시놀($C_6H_4(OH)_2$)과 반응하여 폴리다이페놀 및 3량체 염료를 생성한다. 산화염료는 염료 전구체 또는 염료 중합으로써 작용하는 5~7개의 성분을 함유한 것이 많고, p-페닐렌다이아민과 레조시놀이 많이 사용되고 있으므로 이들 반응에서는 2량체, 3량체 및 폴리머 등 수종의 색소가 형성된다.
- 아닐린에서 유도된 염료를 합성 유기체 염료 또는 아미노 염료(amino tint)라고도 하며 이는 영구적 모발 염모제로 많이 사용된다. 산화염료는 1893년 독일에서 발견하였고, 그 후, 개량에 개량을 거듭하여 오늘날에는 60,000 이상의 색조를 만들어 사용하고 있다. 아닐린 염료의 작은 분자는 무색처럼 보이며 무색의 염료는 산화제와 혼합하여 직접 두발에 도포시킨다. 이 중 산화염모제에 포함된 암모니아는 H_2O_2를 자극하여 모피질의 멜라닌 과립을 표백시켜 새로운 모발색상을 위한

새로운 바탕색소를 만든다. 이러한 염료제들은 모발의 자연색소를 새로운 모발색을 위한 기본 색상, 즉 기여색소로 사용하여 '영구색상(new color dyes)'을 투여시킨다.

- 산화 염모제의 특징은 물과 알코올에 강하며, 산화가 쉽게 이루어지고 빛과 공기, 열에 대해서도 강하며 pH는 알칼리를 띤다. 동시에 과산화물에 의해 생성된 산소분자와 함께 반응하기 시작한다. 이 화학반응으로서 또 다른 것과 결합한 아닐린 염료 분자는 활발하게 반응하며 이러한 결합 등에 의해 분자들의 색이 작용하고 모발은 결국 받아들이게 된다. 산화작용은 산소와 염료가 결합하는 과정에 의해 염료 분자들은 서로 묶이게 되어 크기가 증가되는 중합화됨으로써 모피질로부터 빠져나가지 못하게 된다.

- 이 염료는 한 번의 과정에서 탈색과 동시에 색을 착색시킬 수 있으며 색으로 결합된 분자들은 모간의 내부에 영구적으로 결합한다. 과학자들은 기본적인 아닐린 염료에 분자의 구조를 재분배하고 바꾸어서 몇 천 가지의 다른 색을 만들어 냈다.

- 영구적 염모제의 기본에 속하는 토너는 아닐린에서 유도된 제품으로서 미리 탈색된 모발에 쓰도록 고안된 옅고 부드러운 색조이다. 대부분의 산화 염료들은 아닐린 유도체를 함유하고 있으며 시술 전에 알레르기 반응검사(predisposition test)를 요구한다.

- 모발이 정상적이고 탄력 있는 좋은 상태를 유지하고 있다면 산화 염료시 다른 화학적 시술과 양립할 수 있다. 산화염료는 화학적으로는 복잡하지만 사용은 쉽다. 그 주성분은 다양한 형태인 크림, 에멀, 젤, 샴푸 등으로 혼합할 수 있는 합성 컬러 혼합물로서 전구체나 커플러가 포함된다. 이차 또는 삼차의 색상을 얻으려면 4~6개의 전구체를 필요로 하며 이는 화학적으로 주요 중간 생성물들과 결합한다. 전구체와 주요 중간 생성물들은 화학적으로 모피질 속의 최종 염료 분자를 구성시키며 모표피를 통해 빠져나가지 못할 만큼 입자가 고착되어 커진다.

- 모발의 밝기(hair's highlights)를 조절하기 위해서는 여러 가지 직접 염료를 첨가시킨 후 용해액을 알칼리성으로 하며 항산화 안정제를 혼합물과 제조물에 섞어서 산화가 너무 빨리 일어나지 못하도록 한다. 이런 첨가 물질들은 염료가 H$_2$O$_2$를 통해 활성화될 때까지 최종 염료 분자가 구성되지 않도록 해 주며 항산화제 역시 색조적용에 있어서 더 오랜 시간을 요구함으로써 H$_2$O$_2$의 효과를 늦춰 준다.

- 산화 염료제는 반액체나 크림의 형태로 병이나 캔, 튜브에 넣어서 판매되며, 이들 제품은 산화라는 화학적 반응을 활성화시키는 과산화수소와 혼합되어야 한다. 이 두 가지 화합물을 합치면 즉시 반응이 시작되므로 혼합 염료는 즉시 사용해야 한다. 염료의 적용시간은 제품과 선택한 산화제의 용량에 따라 달라지므로 쓰고 남은 염료는 빨리 상할 수도 있다. 따라서 hair colorist들은 제조 회사의 설명서 지시를 참조하고, 항상 모발 가닥 실험(strand test, color test)을 한 후 시술해야 만족스러운 결과를 얻을 수 있다.

6-3. 염료제의 유형

염료제로서는 암모니아가 없는 저알칼리성 산화제(oxidative without ammonia)와 일반적으로 많이 사용하는 암모니아를 포함하는 산화 염모제(oxidative with ammonia)인 두 가지 유형으로 나눌 수 있다.

 암모니아 종류

암모니아 성분이 어떠한 형태로도 함유되어 있지 않는 것을 ammonia free라고 하며, 고유 화학성분으로서 암모니아 자체만은 함유하고 있지 않는 것을 no ammonia라 한다. 암모니아 또는 다른 화학적 상태로서 암모니아인 것에는 변함이 없는 것을 free ammonia라 한다.

【표 6-1】 염모제의 유형

염모제의 유형	비산화성 염료	암모니아를 포함한 산화제 (알칼리성 산화염모제)	암모니아가 없는 산화제 (저 알칼리성 산화 염모제)
탈색작용 (lightening)	없음	있음	없음
영구염료 (permanent color dyes)	없음	있음	있음
효과	• 자연색상을 유지하면서 더 풍부한 깊이를 갖게 한다. • 약간의 흰모발(10~30%)를 덮어 조화를 이루게 한다. • 색이 바래는 모발의 색을 깊게 한다. • 색조를 밝게 하거나 색조의 겹침 효과를 준다. • 흰모발을 그대로 유지하면서 강조한다.	• 자연색상의 깊이를 유지(색조만 띠게 할 수 있는)하면서 흰모발을 100% 커버한다. • 자연색상을 어둡게 또는 밝게 하고 흰모발을 커버한다. • 어떤 염색이든 가능 1제+2제= 혼합(탈색과 착색 작용이 동시에 이루어짐)한다.	• 흰모발에 undertone으로서 붉은 바탕이 나지 않도록 하고 진한 모발 색상에 조화가 되게 한다. • 매일 샴푸하는 고객에게 사용 - 색이 오래 유지되고 쉽게 씻겨 나가지 않는다(자연적으로 퇴색된 모발에 색상의 선명도와 윤기를 부여할 때). • 영구적인 색조 겹침 효과를 준다(자연 멜라닌을 탈색되지 않은 상태이다. • 색 조정 작업이 필요한 고객에게 사용(명도의 변화를 주지 않고 반사빛을 원할 때)한다. • 4~6주간 색상 유지한다. • 백모 커버 30~50% 정도 가능하다. • 펌 시술 직후 바로 시술한다. • 색작용은 색조만(같은 색상 또는 어두운 색상이 된다)사용한다. • 산화제(3%)와 낮은 암모니아 사용으로 인해 탈색작용은 활발하지 않아 모발은 밝아지지 않는다. • 염색 후 버진헤어와 색상 차이가 나지 않아 자연스럽다.

1) 자연모발 색상에 따른 염료제 응용

기본 바탕색이 어두울수록 모발을 밝게 만들기 어려우나 보통 염모제의 사용 시 밝기는 H_2O_2의 농도에 따라 높낮이를 조절시킬 수 있다. 그러므로 고객의 자연 기본 모발색에서 원하는 색의 밝기와 색상은 제품선택과 마지막 염색결과에 영향을 주므로 고객의 자연적인 기본 모발색의 밝기를 평가할 때 모발이 가진 뉘앙스와 반사 빛의 색감을 볼 수 있어야 한다.

검은 모발(black hair)

검정 모발은 유멜라닌 과립이다.

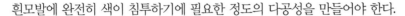

∘ 자연 검정모발을 염색할 때는 3%의 2
제를 사용 → 산화 염모제의 탈색을
최소화한다.

∘ 흰모발(백모) 25% 또는 그 이상인 경우
6%의 H_2O_2를 사용 → 저항성이 있는

흰모발에 완전히 색이 침투하기에 필요한 정도의 다공성을 만들어야 한다.

∘ 검정모발을 밝게 할 때 9%의 H_2O_2를 사용 → 보통 사용하는 색상보다
더 밝은 색상 사용한다.

∘ 검은모발은 탈색에 의해 최종 모발색상은 진한 갈색을 제외하고 항상
따뜻한 색조를 나타낸다.

∘ 가장 차가운 색조를 위해서는 청보라를 기본으로 하는 색상을 사용한다.

갈색 모발(brown hair)

같은 갈색이라도 모발색에 따라 두 가
지의 느낌으로 나눌 수 있다.

∘ 흑멜라닌은 검은모발보다도 약간 적으
나 차가움(어두운)을 느끼는 과립이다.

∘ 갈색모발의 색조로서 따뜻함(밝음)을
느낄 수 있는 유 및 페오멜라닌이 섞

인 혼합 멜라닌의 과립을 가진 갈색 모발은 산화염모제를 사용 탈색시
키면 따뜻한 기여색소를 나타낸다. 즉 염료는 적색이나 붉은빛 오렌지
기여색소를 중화시킬 만큼 충분히 강하지 않다. 그러므로 산화 염모제
를 사용할 때는 갈색 모발의 명도 1단계만 탈색시킬 때 가장 아름다운
따뜻한 갈색을 얻게 된다.

만약 차가운 색조를 원한다면 파란색이나 청보라를 기본으로 하는 색상
을 사용하여 따뜻함을 중화하는 과정을 거쳐야 한다. 차가운 색상의 염료로
써 따뜻한 색조의 기여색소를 중화시키려 한다면 광택이 없는 생기 잃는 색

상이 된다. 만약 따뜻한 색소만 문제를 삼고, 고객이 기본 색상을 유지하기 위한다면 암모니아가 없는 산화염모제를 사용하는 것이 좋다.

- 잿빛 염모제의 색상을 갈색 모발에다 자주 사용하면 모발 줄기부분과 끝 부분에 탁한 잿빛을 띠나 모근 부분은 더 따뜻한 색조가 된다. 갈색 모발에서 가장 어울리는 색상은 따뜻한 색조로서 모발을 우선 탈색시키고 난 후 색상을 덧입히면 갈색 모발은 차가운 색조의 갈색이나 밝은 금발색조를 갖게 될 수 있다(따뜻한 금발은 염모제로 표현하기가 쉬우면서 예측이 잘되는 색상이다).

적색(red hair)

적색모는 페오멜라닌의 과립으로서 자연 적색모 미립자는 유멜라닌을 포함하는 과립모양과 비교해서 불규칙하다.

- 페오멜라닌은 탈색 후 더 붉게 되거나 기대보다 노란 색소가 더 나타나므로 탈색시키기가 쉽지 않다. 자연 적색모를 탈색할 때는 저항성이 크므로 가장 강한 탈색제를 사용하고 탈색시간도 제조회사가 권하는 범위 내에서 시간을 길게 잡는다.
- 붉은 모발에 황금색 하이라이트를 주게 되면 더 붉게 보인다.
- 따뜻한 기여색소는 따뜻한 모발 색상을 만들 때는 필요하지만 차가운 색상을 원할 때는 문제를 야기하며, 녹색이 함유된 재색은 따뜻한 색소를 제거해 준다. 재색은 따뜻한 색감을 중화시켜 원하는 것보다 더 나은 황금빛, 구릿빛, 붉은빛을 없애 준다.

금발(blond hair)

소량의 유멜라닌을 포함 과립 분포가 적어 아주 흐린 노란색을 띤다.

- 명도 5~10까지의 자연 금발에 파스텔 색조의 금발을 만들기 위해서는 모발

의 다공성을 필요로 하기 때문에 탈색과정을 거친다.

○ 명도 6의 자연금발에도 따뜻한 황금빛 등급의 기여색소를 가질 수 있으며, 자연색소의 탈색과정에서 분산, 변화함에 따라 빛의 작용으로 모발은 밝은 황금색으로 보이게 될 수도 있다(명도 6의 금발은 산화염모제를 사용할 때는 항상 스트랜드 실험을 한다).

○ 가는 금발은 굵은 금발보다 탈색이 더 빨리 일어나며 더 차가운 색조를 남긴다. 그러므로 자연 금발에서 어두운 염료로는 염색되기가 쉽지 않다. 즉 최종 결과 색상은 탁하여 부자연스럽다.

○ 빨간색의 염모제를 사용할 때는 애벌 염색이 필요하다. 자연 금발에 더 진한 빨간색을 입혔을 때 금발은 빨간 인조색상을 지지해 줄 색소를 갖고 있지 않으므로 이 색상은 며칠 안으로 강도가 약해질 수 있다. 그러므로 빨간 색상은 모발에서 쉽게 빠져나가므로 염색 후 색상의 보존이 다른 염색모보다 쉽지 않다.

밝은 금발(light blond hair)

가장 밝은 금발 색조들은 일반적으로 유멜라닌이 없을 때 생겨나며 섬유단백질의 자연색상에 영향을 주는 멜라닌을 더 많이 포함할수록 더 진한 금발이 나타난다.

흰모발(gray hair)

○ 흰모발은 차가운 색조로서 여기에 차가운 색조를 더하면 더 차가운 색조가 된다. 보라를 기본으로 하는 밝은 잿빛 금발은 흰모발을 덮는 것처럼 보이지 않을 수 있으므로 따뜻한 색조의 처방으로 훨씬 더 잘 커버된다.

○ 염색 시 색소가 있는 본래의 모발보다 훨씬 많은 시간을 소요하므로 충분한 방치 시간을 주어야 한다.

- 흰모발을 위한 처방은 탈색이 아니라 착색할 수 있는 정도를 기초로 하여 처방한다.
- 흰모발이 75~100%인 모발은 최종색상이 정상모보다 약 1~½단계 밝아 보이게 되며 염모제 사용 시 더 어둡게 처방해야 한다.
- 보라와 황금색을 기본으로 한 색상은 혼합되어 흰모발을 위해 아름답고 잘 조절되어 균형 잡힌 모발 색상을 만들 수 있다.
- 저항모로서의 흰모발은 염모제를 도포하기 전에 전처리를 해야 한다. 밝은 황금색조는 중간 황금 색조 + 3% H_2O_2로서 흰모발 부분에 10~15분 동안 도포 후 타월로 닦아 낸 후 흰모발 염색을 한다.
- 모근 부분이나 새로 자란 부분을 재염색할 때에는 2:1의 비율로 부드러운 탈색제(촉진제 없이)를 2제와 혼합하여 사용하여 20분 후 헹궈 타월로 물기를 닦아 낸 다음 흰모발을 염색한다.
- 100% 흰모발은 종종 처방에 3가지 색상이 필요할 수 있다. 명도가 아닌 색의 강도에 대해 처방이 필요하며 만약 모발의 50% 이상 흰모발은 원하는 결과보다 1단계 어두운 색상을 처방한다.
- 흰모발을 염색하기 위해서는 흰모발의 앞과 많이 난 곳을 잘 파악해야 한다. 발제선 부분과 흰모발이 많은 부분을 먼저 도포 후 염모제의 양으로 조절한다.
- 작용시간과 도포 양은 충분히 한다.
- 기본 색조의 비율은 흰모발의 양만큼 혼합한다.

요약

- 모발색의 정착 정도에 따라 비산화와 산화로 나눌 수 있는 염료는 다양한 음영과 색조, 명암을 지니며, 이들 색상들을 제조하는 색조화학자들은 삼원색 중의 하나로서 빨강 인도염료, 노랑 인도염료, 파랑 인도염료를 사용하여 자연적인 모발색을 모방한다. 즉 노랑과 빨강인 염모제는 페오멜라닌 과립을, 파랑은 유멜라닌 과립을, 이들을 혼합하여 혼합멜라닌 과립으로 대체한다.

- 비산화염료는 산성염료로서 H_2O_2를 사용하지 않는 pH 8~9의 약알칼리성의 성질을 통해 모발을 팽윤시킨다. 일시적 또는 반영구적 염료제로서 모발색소를 기여색소로 하여 새로 더해지는 염료(dye)에 의해 원하는 색상이 만들어지나 모발색소를 더 밝게(lighten) 하지는 못한다.

- 1863년 PPDA가 개발되면서 산화염료에 의한 안전한 염색기술이 가능하게 되었다. PPDA는 방향족아민의 유도체로서 분자의 치환체를 바꾸면 여러 가지 색을 나타낼 수 있다. 유기염료제는 최종 결과색을 생성하기 위해,
  탈색처리에 의한 모발의 색을 보다 밝게 하는 방법
  인공적으로 색을 모발에 부여하는 방법
  이둘의 방법을 동시에 시술에 이용함으로써, 모발색을 바꾼다.

- 산화염모제는 염색제(activator)와 산화제의 혼합물로서 사용 직전 혼합하여 시술한다. 산화염료의 제1제는 염료 전구체 및 커플러로서 염료 전구체는 산화되어 다이이미니움이온 또는 퀴논이미니움이온 등의 활성중간체로 된다. 활성중간체는 레조시놀과 반응하여 폴리다이페놀 및 삼량체 염료를 생성한다.

- 산화염료들은 아닐린 유도체를 함유하므로 시술 전 알레르기 반응검사(predisposition test)를 해야 한다. 염모제 시술과정에서 도포 후 25~35분 방치한다. 이때 멜라닌 색소의 탈색이 이루어지고 그 자리에 인공색소인 빨간색이 침투되고, 노란색, 파란색이 착색되어 초록과 빨강의 혼합인 갈색이 형성되는 과정에서 5분, 10분, 15분, 20분, 25분, 30분의 방치시간이 요구된다.

연습 및 탐구문제

1. 비산화·산화염료를 구별하여 설명하시오.
2. 색원물질의 모방염료인 인도염료에 대해 비교·설명하고 화학구조식을 열거하여 작성하시오.
3. 유기화학염료를 조성하는 전구체와 커플러의 화학구조와 활성중간체의 다이아민의 화학반응식을 작성하시오.
4. 산화염모제의 작용에 있어서 탈색과 발색에 따른 모발 내 색조침투와 시간대의 진행과정을 도식화하여 설명하시오.

Chapter 07

영구 염모제
(Permanent hair colors)

● 개요

산화염료인 지속성반영구염료는 식물성, 금속성, 혼합성, 산화성 염료로 나뉘며, 영구염료인 영구적 염모제는 산화성 염료 또는 유기합성 염료라고도 한다. 식물성 염료는 주로 헤나와 카모밀레를 사용하나, 금속성염료는 색상의 제한과 일부 독성문제로 인해 오늘날 전문숍에서는 거의 사용되지 않는다.

이 장에서는 모발에 영구적 염모제가 갖는 염모제의 목적과 특성 등을 기초로 염색의 조건과 주의사항 등을 다루고, 시술계획에 따른 염색기록카드 보관과 모발가닥검사와 색조검사를 통해 시술과정에서 상담, 용제준비, 시술테크닉, 유화과정을 거쳐 샴푸 + 린스 처리됨을 다룬다. 또한 모발에 따른 염모제 도포는 백모, 버진헤어, 저항모, 컬러체인지, 재염색, 밝게 염색하기, 클린징, 딥클린징 등의 주의사항, 테크닉, 시술방법 등으로 구분하여 실제를 다루고자 한다.

● 학습목표

1. 지속성 반영구적 염료와 영구염료를 구분할 수 있다.
2. 영구염모의 조건과 주위사항을 설명할 수 있다.
3. 영구염모시술 계획에 따른 기록카드 작성과 모발색조 검사에 대해 열거할 수 있다.
4. 시술과정에 필요한 절차에 대해 설명할 수 있다.
5. 염모제 실제에서 백모, 버진헤어, 저항모, 컬러체인지, 재염색, 클린징(딥클린징) 등에 대해 주의사항, 테크닉, 시술방법 등에 대해 논하거나 적용하여 설명할 수 있다.

● 주요 용어

식물성 염료, 금속성 염료, 혼합성 염료, 산화성 염료, 헤나, 첨포실험, 색조검사

Chapter 07
영구 염모제

산화염료는 지속성 반영구 염료(long-lasting semi-permanent or demi-permanent colors)와 영구 염료로 나눌 수 있다. 영구적 모발 염모제는 식물성 염료, 금속성 염료, 혼합성 염료, 산화성 염료(유기합성염료)로 나누어진다.

7-1. 영구 모발 염색(Permanent hair coloring)

염료제와 산화제의 혼합 시술로 이루어지는 영구염색으로서 제1제인 염료제에는 암모니아와 색제로 구성되어 있다. 암모니아는 모발을 팽윤시켜 모표피를 열어 색제가 모피질층 침투를 도와주며 제2제인 산화제는 색제를 피질층에 가두는 역할을 한다. 결과적으로 멜라닌 색소를 산화시켜 모발의 자연색상을 밝게 해 주는 동시에 화학적인 색제가 자연모 색상 자리에 동화 침착한다.

이때 남아 있는 자연모의 색상(undercoat, pigments)과 화학적인 염료(hair dye)가 더해져 두발에 최종 결과 색상을 만든다. 다시 말해 모발 멜라닌이 100% 제거되는 것이 아니라 부분적으로 탈색된 후(2차 기여색상 조성)에 인공색소가 모발에 정착되어 원하는 색조를 이루는 것이다. 그러므로 산화염색 후의 염모를 본래의 자연모 색상으로 되돌린다는 것은 불가능하다고 볼 수 있다.

> * 반영구 염모제보다 알칼리성이 강하고, 많은 용량의 촉진제와 혼합하기 때문에 본래의 모발색을 표백해 줄 수 있는 영구적 염모제는 모표피를 침투하여 모피질 안에 색소 분자를 침전시키도록 만들어졌다. 침투와 산화제의 추가 작용으로 인해 이들 염모제는 탈색도 시키고 착색도 시킨다. lift의 전도는 컬러의 pH값과 촉진제에 포함된 H_2O_2의 농도를 이용해 조절할 수 있듯이 컬러의 pH값과 H_2O_2의 농도가 증가하면 lift 정도도 증가한다.
> • 두개피부에서의 피지막을 지나치게 없애면 두개피부를 더 자극하여 가려움을 일으킬 수 있기 때문에 하루 전에 샴푸한 모발에 도포한다. 피부 보호용 크림은 발제선이나 귀 주변에 바른다. 이는 머리카락을 코팅하여 염료가 안쪽으로 침투해 들어가는 것을 막을 수 있으므로 도포 시 유의한다. 영구염모의 목적은 색상에서 강·약을 이용하여 색상 1~2레벨 밝게 하며 반사빛과 색상의 세척을 도와주며, 백모를 커버하고 자연모의 색상을 어둡게 한다.

영구 염모제의 특성

물과 알코올에 강하며 모발색소를 쉽게 산화시킨다. 샴푸 시 물, 공기와의 접촉에도 색상 유지력(점착력)이 강하여 세밀하게 염색되며, 알칼리성 용액 사이에서도 잘 견디므로 영구적이며 펌 웨이브 형성에도 색상이 보존된다.

영구 모발 염색의 조건

자연모내의 멜라닌 색소를 작용시켜 화학적인 색상으로 변화시킨다. pH는 알칼리성을 유지하며 두발과 두개피부를 자극하지 않아야 한다. 제1제 유기염색소와 제2제를 동시에 혼합하여 사용하나 제1제인 염료제가 너무 많은 경우에 방출 산소량의 부족에 의해 산화작용이 약화되어 반사빛이 약화되거나 뿌연 색상이 드러나 원하는 결과 색상보다 어둡게 된다. 그러므로 혼합 시에 염료제의 농도를 높이는 것은(제1제와 2제의 혼합 시 2제보다 1제의 양을 더 많이 첨가) 유기염모에 있어서 산화작용을 약화시키게 된다.

이와는 반대로 제2제인 H_2O_2 제1제와의 혼합 양보다 더 많이 들어갔을 경우 많은 양의 산소 방출로 인해 염모제가 과다하게 산화된다. 이는 발색이 완벽하지 못하므로 백모염색 시 커버가 불충분하며 염색의 능력과 반사빛의 색상이 약하며 또한 쉽게 탈색되고, 원하는 색상이 결과보다 밝게 나올 수 있다.

> *영구염모 시 빨강, 보라, 파랑 등은 조정색으로서 블루블랙 또는 레드블랙, 바이오렛블랙 등으로서 조정색을 사용할 경우 일반 컬러보다 색상은 선명하고 밝게 나오나 일반제품 컬러보다 30% 정도 또한 색상이 더 빨리 빠지기도 한다. 블루블랙인 경우 제품 출하 시 검은색 (70%) + (30%) 파란색으로서 블루블랙으로 염모 시 파란색은 2주 정도 후면 거의 다 빠지고 검은색만 남게 된다. 이럴 때를 대비하여 블루블랙(70%) + 조정색으로서 파랑(30%)을 더 혼합하면 파란 색상을 더욱 오래 유지시킬 수 있다.

영구 모발 염색 시 주위사항

○ 모발과 두개피부의 상태 분석을 반드시 해야 한다.
○ 염색과 탈색에 필요한 제품의 선택과 적용이 적절해야 한다.
○ 모발에 작용하는 염색제와 탈색제의 화학적 반응 등에 유의한다.
○ 모발 염색 시 자연광(자연적인 일광)을 이용해야 한다.

- 촉매제 사용 시 권고량보다 많이 사용해서는 안 된다. 모발과 두개피부가 심각하게 손상되거나 탈모를 야기할 수도 있다. 제시된 볼륨보다 높은 것을 사용하거나 '과산화물 효과 증폭제'를 첨가하는 것도 마찬가지로 위험하다.
- 모발 염색 시 열처리를 하는 경우, 인공조명에서는 텅스텐 필라멘트 전구의 붉은빛을 띠는 노란 불빛을 발한다. 즉 따뜻한 빛을 발하므로 붉은 색조의 모발은 더 붉게 나타나고 차가운 빛인 재색 또는 푸른 모발의 색은 일상보다 더 어둡게 나타난다. 따뜻한 빛을 띠는 흰 형광튜브는 일광과 비슷한 빛을 발산하므로 자연광 대신 사용하기도 한다.
- 영구염모 시에 있어서 색을 오랫동안 유지시키고자 할 때나 또는 버진 헤어로서 저항성모일 때, 염모제 도포 후 10~15분 정도 열처리한 다음 자연방치로 말리면 모발에 윤기가 부여되며 색상 또한 오래 유지된다.

* Hair colorist들은 고객을 위한 배려나 고객이 원하는 색상(target colour)을 표현하기 위한 요인으로서 충분한 시간을 갖고 고객과 상담함으로써 고객이 확신을 갖고 신뢰할 수 있게 해야 한다. hair colorist 자신들은 고객의 모발 상태를 이해하고 염색에 있어서 무엇이 최선의 선택인지를 이해하기 위해 가능하면 고객의 모발 색상을 정확하게 분석할 수 있어야 한다. 한 경우로서 하얀 벽 또는 중성적인 색인 조명이 밝은 곳에서 색이 정확하게 표현되는 곳을 상담장소로서 택한다. 상담실에는 염모제의 제품 교육 자료나 모발색상 컬러차트, 분석카드 등을 통해 모발의 명도 단계와 색조를 판단할 수 있는 보조기구들을 비치하여 고객과 컬러리스트 사이의 관념적인 색상을 표출함으로써 확신하고 신뢰할 수 있게 한다.

7-2. 영구 모발 염색 시술 계획

성공적인 모발 염색 시술을 하기 위해서는 시술계획과 정해진 절차에 따라 일을 해야 한다. 시술계획은 염색시술에 필요한 재료와 도구를 포함하여, 사용할 제품에 대한 정확한 지식을 갖춘 것뿐만 아니라, 고객의 염색 시술에 대한 계속적인 기록을 작성하여 보관해야 한다.

고객카드기록 및 보관
모발은 한번 손상되면 재생이 불가능한 천연섬유이다. 자세한 기록을 남겨서 성공적인 시술을 할 수 있도록 하는 것과 한번 겪은 어려움이 있다면,

다음에는 피할 수 있도록 하는 것이 매우 중요하다. 이러한 자세한 기록은 모든 분석결과, 모발가닥검사, 모발 전체 염색결과, 시술시간, 다음 시술에 참고할 만한 내용들을 포함한다.

【표 6-1】 고객카드의 예

```
                                                    No _____

성명 _____                              남 · 여 _____
주소 _____        TEL _____

알레르기 반응 검사(patch test)        양성 _____ 음성 _____ 날짜 _____
모발의 상태
형태 _____        다공성 _____
질감 _____        화학적 트리트먼트의 유무 _____
(탄성도, 탄성한계) 이전 화학서비스 기록
※ 전체적인 모발상태, 사전모발 테스트


모발의 자연색 등급 _____   자연모발색의 명도 _____   흰모발의 % _____
                              기존의 명도 _____
                              색조명도 _____


원하는 모발색 _____

사용한 제품 이름 · 번호 _____   산화제 등급(volume) _____
진행절차 · 시간 _____   날        짜 _____
결        과 _____   기   술   자 _____
```

모발가닥 검사(strand test)

◦ 염색제를 사용하기 전에 선택이 옳았는지 확인하기 위해 예비검사로 모발가닥 검사를 한다.

◦ 적절한 색을 선택했는지의 여부를 확인한다.

◦ 원하는 결과를 얻기 위해 필요한 시간을 확인한다.

◦ 시술에 앞서 컨디셔닝 트리트먼트, 필러를 사용할 필요가 있는지에 대해 확인한다.

◦ 제조업체의 사용 설명서에 따라 염색제 소량을 과산화수소와 함께 혼합한다.

◦ 두상 내 곡(轖)부분에 혼합물을 1.25㎝(½ 인치) 넓이로 도포한다.

◦ 제조업체의 설명에 따라 가열을 고려하여 시술하고, 고객관리 카드에 시간을 정확히 기록한다.

- 모발을 헹구고, 샴푸하여 타월로 말린 그 결과를 관찰한다. 염색제의 배합률, 시간 혹은 프리 컨디셔닝 트리트먼트처리 후에 모발 전체를 염색한다.
- 만약 결과가 불만족스럽다면 다른 모발 가닥에 새로이 만든 염료비율로 모다발검사 과정을 다시 한다. 이때 주의할 점은 모발가닥검사를 하기 전에 모발 분석에 의해 필요한 모든 트리트먼트를 모발에 시행해야 정확한 결과를 얻을 수 있다.

1) 시술과정

고객의 기본 사항 파악을 위한 충분한 상담(고객의 의사 존중)을 한다.
자연모의 레벨, 백모의 %율, 모간과 모근 쪽의 레벨과 색상 확인, 반사빛, 모발의 성질과 상태, 새로 자라난 두발의 길이를 파악한다.

용제 준비
제1제 및 제2제를 시술 직전에 혼합시킨다.

시술 테크닉
- 두부에 블록을 설정한다.
- 건조된 모발에 염색제를 도포한다.
- 0.6㎝ 정도의 슬라이스 섹션을 준다.
- 탈색은 모발의 가장 어두운 부위와 목선부터 시작하며, 백모 염색 시에는 백모가 많은 측두선의 빈(鬢)의 발제선에서부터 시작한다.
- 모간 끝이 심하게 변색되었을 경우에는 모근 쪽을 먼저 도포한 후, 가능한 빨리 모간의 끝 쪽으로 염색제를 도포한다.
- 모간 끝이 약간 변색되었을 경우에는 모근 쪽에 도포하고 방치한 후, 종료 15분 전에 두발의 끝 부분에 연결시켜 도포한다.
- 모간 끝 쪽이 거의 변색되지 않았을 경우에는 방치 시간이 지난 후, 종료 5분 전에 두발의 끝 부분에 연결하여 도포한다.

액상화(유화) 과정

모발에 염색제를 도포하고 방치 시간이 지난 후에 고객은 샴푸실로 안내하여 염모제를 제거해야 한다.

> *도포된 염색제에다 약간의 물기를 가해 약간 젖은 두개피에 메니플레이션하면 유화가 형성되면서 모발의 색상이 균일해지고 광택성이 좋아진다. 두개피부나 발제선에 묻은 염색제와 함께 잠재된 염료를 동시에 제거할 수 있도록 한다.

샴푸 & 린스

샴푸와 린스로 모발을 적절하게 씻거나 헹구지 않으면 알칼리 염료 찌꺼기가 케라틴에 붙어 잔유하게 된다.

> *염료찌꺼기를 적절히 중화시키지 않을 시 두개피 손상이 계속 발생할 수 있다. 염색전용 샴푸를 사용하고 산성 린스를 처리하면, 두개피에서의 알칼리 성분을 중화시킴으로써 모표피를 닫아 주는 효과와 색상을 좀 더 오랫동안 유지시키는 효과를 기대할 수 있다. 따라서 염색이나 탈색 시술 직후 모발에서의 등전대가를 위해 산성 린스, 약산성 샴푸, 컨디셔너를 이용해 부드럽게 마사지함으로써 민감한 두개피부 조직이나 모발을 관리해 준다.

7-3. 염모제 도포 실제

1) 자연모발 상태의 백모(Gray hair)

주의 사항

흰 모발 %를 체크한다.

테크닉

기본 색조의 비율은 백모의 양만큼 혼합, 흰 모발의 양에 따라 작용시간과 도포량을 충분히 한다.

발제선 부분과 흰모발이 많은 부분부터 도포한다.

시술 방법

∘ 50%(백모) − 기본색(1): 희망색(1)로서 1:1의 비율로 1액을 제조한다.

∘ 30%(백모) — 기본색(1): 희망색(3)로서 1:3의 비율로 1액을 제조한다.

∘ 50% 이상 100%(백모) — 기본색 중 1액(애벌염색) 먼저 도포 방치 10분
→ 희망컬러(1+2액) 재도포(30~40분) 후 방치한다.

2) 자연모발 상태의 버진헤어(Virgin hair)

주의 사항

모발의 질로서 강모, 연모 등을 구분해야 하며, 알레르기 반응검사 및 모
다발 실험을 반드시 해야 한다.

테크닉

∘ 모표피가 건강하므로 팽윤 시간이 길다.

∘ 긴 모발, 짧은 모발로 구분하여 도포한다.

∘ 두개피부 부분은 다른 쪽 모발보다 밝아 보일 수 있다.

∘ 모질에 따라 도포 후 방치시간이 달라질 수 있다.

시술 방법

ㄱ. 짧은 모발(20cm 이하)

• 두개피부로부터 1.5~2cm 띄운 후 모간 쪽부터 먼저 도포(10~15분간 방
치)한다.

• 모근 쪽 도포(20~30분간 방치) → 총 30~45분간 방치된다.

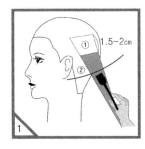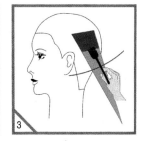

【그림 7-1】

ㄴ. 긴 모발(20㎝ 이상)

- 모간 쪽부터 먼저 도포(10~15분간 방치)한 후 → 중간 도포(10~15분간 방치) → 모근 도포(20~30분간 방치) → 총 40~60분간 방치된다.

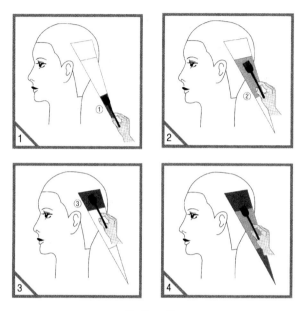

【그림 7-2】

3) 자연모발 상태의 저항모

주의 사항

애벌염색은 자연모의 상태에서 염모제를 도포하기 전에 부족한 열을 보충하는 기술로서 사전 연화 처리한다.

> * 사전연화(presoftening)란 염색을 하기 전에 미리 모발에 산화제를 도포하여 팽윤 연화시켜 부드럽게 함으로써 염색이 잘되게 하는 방법으로 특히 저항성모인 백모에 효과적이다. 사전연화의 범위는 버진헤어가 백모 또는 부분적인 흰 모발일 때 그리고 원하는 색이 자연색보다 밝은 경우이거나 어두운 모발에 염모제를 도포를 할 때 등이다.

테크닉

산화제 20볼륨을 도포한 후 세척한다(가벼운 샴푸+린스).

시술 방법

헤어드라이어로 열을 가하여 건조시킨 후 10~15분간 방치한 다음, 다시 희망컬러(1액+2액)를 재도포 후 25~30분간 방치한다.

4) 자연모발 상태의 color change

밝은 색상 → 어두운 색상(3level 이상)일 때 다음과 같다.

정상모(color match)의 테크닉

희망컬러(1액 + 2액)를 원터치로 도포한 다음 25~30분간 방치 후 세척한다(샴푸+린스).

민감한 모발(pre-pigmentation)의 테크닉

재염색 시 손상이 우려되는 아주 민감한 모발, 원하는 색상보다 3레벨 이상 퇴색된 모발을 어둡게 염색하고자 할 때 사용한다. 부분적 하이라이팅으로 3레벨 이상 차이나는 탈색된 모발을 본래의 모발색과 맞추고 싶을 때 그 부분에 색소를 더 넣어 주기 위한 방법이다.

> *원하는 색상의 바탕 색상을 얻기 위해 필러 색상의 색소를 넣어 바탕색을 어둡게 한다.

시술 방법

필러 색상 + 따뜻한 물(10㎖)을 모간에 도포한 즉시 희망컬러(1액+2액)를 모근에서 모간 쪽으로 one touch로 도포한 후 25~35분간 방치했다가 세척한다(샴푸+린스).

5) 자연모발 상태의 color change

어두운 색상 → 밝은 색상으로 색상을 바꾸고 싶을 때 다음과 같다.

주의 사항

deep cleansing한다.

테크닉

인공색소를 딥클렌징하여 바탕색을 밝게 만들어 준 다음 원하는 색상으로 염색한다.

시술 방법

탈색제 10g + 산화제 30㎖의 혼합액으로 50분간 마사지하여 원하는 기여색소로 만든 후 → 세척 → 희망컬러(1액+2액)를 도포한 후 25~30분간 방치 → 세척(샴푸+린스)한다.

6) 자연모발 상태의 재염색(Retouch)

주의 사항

기염부 염색(모발 길이 check)방법이다.

테크닉

새로 자란 신생부 3㎝ 이하에만 먼저 염색제를 도포한 후, 기염부의 희망 컬러 명도와 차이가 날 때 적용한다.

시술 방법

◦ 재염색 시 신생부가 3㎝ 이하이고 약간만 퇴색된 경우(little fading)
- 희망칼라와 기염부의 색상변화가 거의 없고 윤기와 색조의 선명함을 원할 때 희망컬러(1액+2액)를 모근에 도포하고 20~25분간 방치→ 남은 염모제과 뜨거운 물 15㎖를 혼합하여 모간에 도포하고 5~10분간 방치 후 세척(샴푸+ 린스)한다.

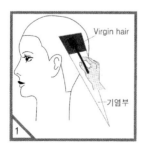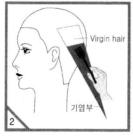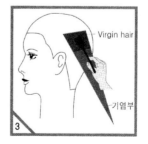

【그림 7-3】

◦ 재염색 시 신생부가 3cm 이상이고 많이 퇴색된 경우는 다음과 같다.

ㅡ 희망컬러(1액+2액)를 모간에 도포하고 10~15분간 방치 → 모근과 모간
에 one touch로 도포하고 20~25분간 방치 후 세척(샴푸+린스)한다.

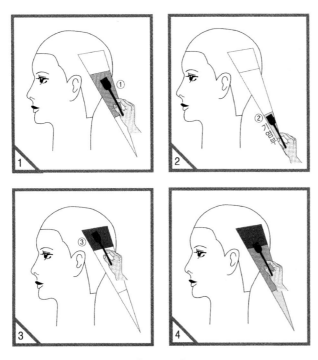

【그림 7-4】

7) 자연모발 상태에서 2level 이상 밝게 염색

주의 사항

탈색제를 사용하며 기여색상(탈색+염색)을 만든후 염모제를 도포갇다.

테크닉

화장품법상 H_2O_2의 최고 농도는 20볼륨이므로 2레벨 이상 밝게 할 수 없
다. 따라서 3~4레벨을 밝게 할 때에는 애벌탈색으로 기여색상을 만든다.

시술 방법

ㄱ. 1톤 밝기를 원할 때

∘ shampoo 탈색제를 사용, 모발 전체에 도포한다.

∘ 탈색제 10g + 산화제 30㎖ + 샴푸 6㎖ + 온수 60㎖을 혼합한 용액으로 5~10분 정도 문질러서 원하는 색상에서 세척한 후 희망컬러(1액+2액)를 도포하고 25~35분간 방치 후 세척(샴푸+린스)한다.

ㄴ. 2톤 이상 밝기

애벌탈색제(탈색제 10g + 산화제 30㎖)를 모근에서 1.5㎝ 띄워서 모발에 도포하고 5~30분 정도 방치한 후 세척(plan rinse) → 희망컬러(1액+2액)를 도포하고 25~35분간 방치 후 세척(샴푸+린스)한다.

8) 자연모발 상태에서 원치 않는 색조가 나왔을 때

주의 사항
cleansing한다.

테크닉
현재의 색조를 지우고 희망색조로 염색하는 기법으로 시판용 클렌징 제품이 따로 있지만 제조해서 사용 시 탈색제 10g + 온수(90℃) 10㎖ + 샴푸 10㎖ + 산화제 10㎖ 비율로 혼합한다.

시술 방법
5~30분간 색조가 제거 될 때까지 부드럽게 마사지하고 샴푸와 타월 드라이를 한 다음, 희망컬러(1액+2액)를 원터치로 도포하고 25~35분간 방치 후 세척(샴푸+린스)한다.

식물성 염료(Vegetable color)
헤나나 카모밀레의 꽃은 둘 다 α, β 불포화 화합물이며, 모발 단백질의 유리 아미노기 등의 구핵성 잔기와 1,4 부가반응을 일으킨다.

헤나
식물성 염료인 헤나의 명칭은 이집트에서는 khenna, 인도는 mendee, 아랍은 khanna으로써 고대 이집트인들에 의해 모발, 손톱, 손바닥 등의 염색에 사용된다. 헤나는 공기 속의 산소와 점차적으로 산화되어지는 점진적 염모제로서 갈색 모발에다 헤나를 도포하면 오렌지색을 띠는 갈색을 나타내고, 흰 모발에 도포하면 주황색을 나타낸다. 관목으로서 북아프리카, 인디아, 스리랑카에서 발견되며 가지가 희고 껍질이 두꺼운 작은 관목식물인 루소니아 이너미스(Lawsonia inermis)의 잎을 말려 녹색을 띠는 노란색 가루를 만들어 사용한다.

ㄱ. 주성분
헤나의 활성염분은 헤나 잎에 존재하는 2-하이드록시-1, 4-나프타퀴논이며 일반적으로 탄화수소 나트륨 수용액에서 추출한다.

ㄴ. 작용 및 사용법
- 파우더를 풀 상태로 만들기 위해 따뜻한 물로 반죽하여 도포하면 모피질 내에 색을 침착시키고 모표피를 코팅한다.
- 모발색을 강하게 표현하기 위해서는 비닐캡이나 타월을 씌워 30분~1시간 또는 2시간 이상 방치하기도 한다.
  - 염색과정에서 색상의 형성은 모발에다 헤나를 도포 후 굳어져 헤나 가루가 떨어질 정도의 시간이다.
  - 도포 시 버진헤어와 기염부 부분에 색 경계가 생기므로 주의를 요하며, 다른 염모와 달리 영구적 염모지만 패치테스트를 요구하지 않는다.
- 염색 후 시간이 지날수록 헤나 염모제는 모표피를 부드럽게 하여 빛을 규칙적으로 반응시켜 모발에 윤기를 부여한다.
- 헤나 자체가 모발에 윤기를 주기 때문에 일반적으로 컨디셔너의 도포는 필요치 않으나, 모발색과 윤기를 지속시키기 위해 가정용으로 소량의 헤나가 들어 있는 헤나 샴푸의 사용을 조언한다.

ㄷ. 단점
- 사전 준비와 도포가 복잡하며 모발의 색을 칙칙하게 하고 헤나의 혼합물은 색의 질을 떨어뜨린다.
- 과용할 경우 펌 용제의 침투를 방해하며 흰모발에 얼룩이 진다.
- 여러 번 사용이 되풀이될 경우 주황색이 침착되고 두개피부 및 얼굴에 얼룩이 지게 되므로 가장 가까운 모근 쪽에 도포하고, 후드 드라이어 사용 전에는 반드시 발제선과 목, 귀 주위에 염색이 남아 있지 않도록 깨끗이 지운다.
- 헤나를 샴푸잉 시 잘 헹구지 않으면 두개피부나 모발이 미끌거리므로 헹구는 데 많은 시간이 걸린다.

카모밀레

카모밀레 꽃으로부터 얻을 수 있는 활성 염료 물질로서 요리 시 향료로도 사용된다. 자연적 금발의 재생을 원하는 사람들을 위한 샴푸에 종종 함유된다.

ㄱ. 주성분
트라이하이드록시 플라본(trihydroxy flavone) 활성 성분으로서 염색 물질은 폴리하이드록시 플라본류의 하나인 4, 5, 7-트라이하이드록시 플라본 등을 원료로 하며 노란색을 띤다.

ㄴ. 작용 및 사용법
카모밀레 꽃을 말려 끓는 물에 넣어 다려 린스제로서 사용하는데 혼합물을 식혀 걸러 내어 모발에 도포하며, 풀 상태로 만들어 사용하기 위해서는 꽃을 가루 내어 고령토와 섞어 사용한다. 천연식물성 제품으로서 피부첩포 실험은 필요치 않으며, 도포되었을 때에는 헤나와 마찬가지로 진행시간이 필요하다. 긴 시간이 될수록 노란색이 모발에 더 많이 나타나나 만약 카모밀레가 물(린스) 형태로 도포되면 진행시간이 필요치 않다.

ㄷ. 단점
입자가 커 모발 속으로 침투하기 어려우므로 흰모발은 커버력이 없다. 노란색이 모발에 착색되며 색을 유지하기 위해 여러 번 반복적인 시술을 해야 한다.

금속성 염료(Metallic colorants)

흰모발에서의 금속성 염료는 점진적으로 어둡게 모발을 물들이는 기능을 함으로써 점차적으로 모발색이 드러나므로 점진적 염모제(progressive dyes) 또는 모발색 저장제라고도 한다. 금속성 염료는 모발 자체에 염료의 막을 만들어 침투됨에 의해 어둡고, 아무런 광택도 없는 부자연스러운 색을 형성한다. 모발의 느낌은 뻣뻣하고 건조하며, 뿌연 초록빛을 유발하는 색조로 변한다. 이는 식물성 염료만큼 오래전부터 존재했지만 오늘날에는 색이 제한되어 있기도 하지만 일부 독성문제가 있어 거의 사용되지 않으나 가정용 소매 염료 시장은 아직도 존재한다. Pb, Ag, Co, Cu, Fe, Hg, Si, N 등의 자연 발생 금속염이 모발 염료에 사용된다.

금속성 염료

모피질의 이황과 결합을 해 모발손상과 함께 두개피부에 축척 시 탈모로 이어진다.

납(Pb)

- 로마·그리스 시대부터 최근까지도 사용되는 납염료는 초산염($(CH_3COO)_2Pb$) 및 질산염의 형태로 함유하고 있으며, 이를 모발에 중합반응을 거치면서 황화납 및 산화납이 모발 표면에 생성되고 서서히 검게 변한다.
- 공기 중의 산소에 노출되면 흰색의 모발이 회색 모발로 변해 윤기가 나지 않고 퇴색된 듯한 납빛이 나는 어두운 색으로 변해 간다. 납제품은 탈색이 서서히 일어나며 납성분이 많이 포함되어 있으므로 탈색이나 펌용제로 처리하면 금속과 반응한다.

은(Ag)

은을 포함한 금속성 염료는 푸르스름한 빛을 띠며 구리성분(Co)은 타는 듯한 붉은 색조를, 그리고 납(Pb)성분은 보랏빛을 띤다. 컬러는 윤기가 없고 흐릿한 금속빛이 전혀 기대하지 않았던 컬러가 예상치 못하게 생길 수도 있다. 모발이 녹색으로 변하는 경우는 대개 구리가 함유된 금속성 염료 때문이다. 금속성 염료를 주로 사용하여 염색한 사람들이 두통, 피부 부작용, 안면종기, 탈모 및 모발손상 심지어 납중독까지 보고하고 있으며, 모발 내 이황화결합을 파괴하는 모발손상을 유발한다.

혼합적 염료(Compound dyes)

금속성 또는 무기질 염료를 식물성 헤너 염료와 혼합한 복합 염료이다. 금속성 염을 추가하면 착색력을 더 강화시켜 다른 색을 만들어 낸다. 금속성 또는 어떤 코팅 작용을 하는 염료로 처리된 모발은 윤기가 없는 건성으로 손으로 만져 보면 거칠고 부스러지기 쉽다.

요약

- 산화염료는 지속성 반영구염료와 영구염료로 나눌 수 있다.
- 식물성 염료는 헤나나 카모밀레가 주로 사용되며, 헤나를 풀 상태로 반죽하여 도포하면 모피질 내에 색을 침착시키고 모표피를 코팅한다. 카모밀레는 꽃을 가루 내어 고령토와 섞어 풀 상태로 만들어 모발에 도포한다. 금속성 염료는 Pb, Ag, Cu 등 금속염이 일부 독성문제가 있고 색이 제한되어 있어 혼합적 염료는 금속성 또는 무기질 염료를 식물성 헤나염료와 혼합한 복합염료이다.
- 영구적 염료는 색상에서의 강·약을 이용하여 색상등급을 밝게 하며, 반사빛과 색상의 세척을 도와주며, 백모를 커버한다. 이는 알칼리성이 강하고 많은 용량의 촉진제가 혼합됨으로써 침투와 산화제의 추가작용이 탈색과 발색을 관장한다. 즉, 염료제는 암모니아와 색제로 구성되고 산화제는 색제를 피질층에 가두는 역할을 한다. 결과적으로 멜라닌 색소를 산화시켜 모발의 자연색상을 밝게 해 주는 동시에 화학적인 색제가 자연모 색상자리에 침투하여 최종 결과색상을 만든다.
- 영구적 염료의 시술계획은 우선 고객카드 기록과 보관을 통해 모발색상검사, 패치테스트, 시술시간, 염색결과, 다음 시술에 참고할 만한 내용들을 포함한다.
- 염모제 도포실제에 있어서는 고객의 모발상태에 따라 주의사항, 테크닉, 시술방법 등에 따라 시술할 수 있어야 한다.

연습 및 탐구문제

1. 산화염료를 분류하고 특징들을 설명하시오.
2. 혼합적 염료의 예를 헤나에 적용하여 논하시오.
3. 패치테스트와 스트랜드 테스트와 관련시켜 영구염모제를 설명하시오.
4. 염모시술과정에 대해 열거하고 설명하시오.
5. 백모, 버진헤어, 저항모, 컬러체인지, 재염색 등에서 요구하는 염모과정을 주의사항, 테크닉, 시술방법 등으로 적용하여 설명하시오.

Chapter 08
염색과 탈색의 실제
(An actual state of coloring and bleach)

개요

    염·탈색의 실제는 상담, 알레르기테스트, 모다발 검사를 우선으로 하여야 한다. 아닐린 유도체를 사용함으로 인해 염·탈색제가 인체에 유해한 물질임을 드러난다. 또한 모발은 한번 소상되면 재생이 불가능하다. 두개피부 밑에서 밀려 올라옴으로써 자라는 것처럼 보이는 영구모는 케라틴단백질로서 각질화된 죽은 섬유이기 때문이다.

학습목표

1. 염·탈색의 실제를 위해 준비요소들을 순서에 맞게 열거할 수 있다.
2. 패치테스트와 스트랜드 테스트의 의미와 결과물에 대해 고객을 대상으로 적용함을 논할 수 있다.
3. 두개피 관찰에 따른 시술 전·후의 조건과 주의점을 설명할 수 있다.
4. 탈색의 기초기술에 요구되는 사항과 탈색제 도포 시 자연방치와 가열 방치에 따른 기여색소 등급을 구분하여 설명할 수 있다.
5. 토너가 무엇이며, 토너사용에 따른 탈색과정을 설명할 수 있다.
6. 모발상태(버진헤어, 재탈색)에 따라 탈색절차를 응용테크닉(샴푸블리치, 애벌염색, 클렌징, 딥클렌징 등)에 적용하여 설명할 수 있다.
7. 일시적·반영구적·영구적 염색을 구분하여 절차를 논하거나, 설명할 수 있다.

주요 용어

    패치테스트. 스트랜드테스트, 토너, 탈염, 샴푸블리치, 애벌염색, 클렌징

Chapter 08
염색과 탈색의 실제

8-1. 탈·염색 준비

1) 상담(Consultation)

상담이란 모발염색 시술에 있어서 가장 중요한 단계이므로 아무리 지나쳐도 괜찮은 것 중 하나이다. 가장 훌륭한 재료 혼합 공식과 최고의 기술을 적용한다 할지라도 고객과의 상담이 충분치 않아 시술 후에 만약 고객이 만족스러워하지 않는다면 색의 선택에 실패한 것이나 다름이 없다.

상담실

상담은 밝은 조명이 있고 되도록 자연 조명이 있는 방에서 하는 것이 좋다. 이것이 가능하지 않을 경우 백열등을 고객 앞에(거울 주위에) 놓고, 미용사 뒤에 형광등이 있도록(천장에 붙인) 빛을 조절한다.

색상 상담

고객과 상담할 때 피부 색조에 어떤 색이 적합한지를 선정하며, 연령에 따라 어떻게 색조가 바뀔 수 있는지를 고려하여 상담한다.

> *상담의 궁극적인 목적은 고객과 시술자 간에 의사소통을 통해 컬러를 분석하여 고객이 희망하는 색상을 얻기 위한 동의나 확인 과정이다.

고객의 성격과 생활습관(life-style)을 고려한다.

고객의 개인적인 특성, 활동성, 얼굴생김새(visagism), 좋아하는 색상, 나이, 직업 등을 고려한다.

관리 요령에 대해 조언을 한다.

염모된 모발의 상태를 최적으로 유지시킬 수 있는 컨디셔너를 사용할 것을 권한다.

고객의 서약서를 받는다.

화학적 서비스를 할 때에는 알레르기 등의 문제 발생에 대비하여 고객과 미용사 그리고 미용실 내의 책임을 명확히 구분하기 위해 고객으로부터 서약서를 받는다.

고객관리 카드에 상담 내용과 시술 내용을 기록한다.

2) 알레르기 테스트(Patch test, predisposition test, sensitivity)

미용 전문가들은 고객의 안녕에 관심을 가진다. 알레르기 테스트는 꼭 필요한 중요 절차로서 이는 심각한 문제를 방지해 주고 사전 주의 사항을 알려 주며, 전문성을 부여해 준다.

알레르기 반응 검사

아닐린 유도성 염료나 토너를 사용할 때마다 24~48시간 전에 알레르기 반응검사를 해야만 한다. 알레르기 테스트에 사용될 염색제는 모발 염색

시술에 사용될 것과 같은 제조법으로 만든 것을 사용한다. 해당 증상 및 반응으로는 화상, 두개피부 물집, 숙폐, 부스럼 등이 있으나 알레르기 반응은 대개 노출 후 12시간에서 14시간 지났을 때 시작된다. 첫 번째 증상은 두개피부, 얼굴, 눈, 귀, 목이 아프게 팽창하며 천식 같은 호흡기 질환도 보고된 바 있다. 그러므로 미용사들이 '콜타르 염료'를 사용할 때는 알레르기 반응 검사를 실시하도록 규정하고 있다.

> *석유화합물에서 추출되는 파라톨루엔은 특히 어두운 염색 색소에 많이 함유되어 있으며, 일반적으로 고객의 모발에 시술되는 산화 염색제가 고객의 체질에 알레르기가 있는지 확인하기 위해 사용하는 방법으로서 염색 시술 48시간 전에 hair colorist는 반드시 피부첨포 실험을 해야 한다.

알레르기 반응 검사의 순서

- 시험 부위로서는 한쪽 귀 뒤의 발제선이 있는 곳이나 팔의 안쪽에 시술한다.
- 부드러운 비누와 물로 된 세척액으로 동전 크기만큼 부위를 닦고 물기를 말린다.
- 제조자의 지시에 따라 시험 용액을 준비한다.
- 시험 부위에 살균 처리된 면솜으로 시험용액을 묻혀 바른다.
- 부위에 손대지 않고 24~48시간을 지낸다.
- 시험 부위를 살핀다. 가려움 등의 증상이 발생 시에는 즉시 염색제를 제거하고 칼라민(calamine)과 같은 피부를 부드럽게 안정시키는 로션을 도포한다.
- 결과를 고객관리 카드(그 외 고객의 이름, 날짜, 주소, 사용된 제품 등)에 기록한다.

알레르기 반응 검사의 주의 사항

- 염색이나 모발보호 제품 성분 중에 유해 성분이 있을 수 있으므로 사용 시 제품명 등을 기록해 놓는다.
- 염색 시술 시마다 매번 피부첨포 실험을 실시하여 피부의 변화를 살펴보아야 한다. 고객 중 피부첨포 실험에서 양성 반응이 나타나면 염색을

할 수 없다.

○ 염모제 선택 시 색상에 있어서 염색디자이너들이 가진 첫 느낌(first impression)을 중요하게 생각해야 한다.

 − 색이란 볼수록 혼합되어 색감이 둔해지며, 색이 든 안경을 착용한 후 색을 선택하면 강렬한 색상이 눈에 잔상(after-image)을 남기므로 원하는 결과의 색을 표현할 수 없다.

○ 소독제를 묻힌 솜으로 검사할 부위의 피부를 닦아 낸다.

○ 팔꿈치 안쪽의 동맥이 흐르는 곳 또는 가장 얇은 표피층인 귀 뒤쪽 피부에 시술할 염모제 제1액과 2액을 소량 혼합하여 바른 다음 완전히 반응이 끝나는 시간인 48시간 동안 방치한다.

 − 붉은 반점이나 부풀음, 가려움이 있거나 물집이 생기면 양성반응으로서 염색을 시술할 수 없으나 이러한 현상이 나타나지 않으면 음성반응이므로 시술을 행한다.

 − 가끔 음성반응일지라도 시술 시에 두개피부 부분의 통증(따끔거림)이 나타나거나 눈이 시리거나(눈의 따가움), 이마・목 부위가 붉게 될 경우에는 즉시 시술을 중지하고 염색제를 제거해야 한다.

알레르기 반응 검사의 결과

○ 알레르기 테스트에서 음성 반응을 보이고 염증도 보이지 않으면 안심하고 아닐린 염료를 사용할 수 있다.

○ 양성반응으로서 빨갛게 되거나, 부어오르거나, 타는 듯이 가렵고 물집이 생기는 증상을 보이는 고객은 알레르기가 있는 것으로 어떠한 경우에도 아닐린 유도성 염료를 사용해서는 안된다.

○ 만약 아닐린 염료에 대해 알레르기가 없는 고객일지라도 염모제로서 눈썹이나 속눈썹에는 사용 시 알레르기 반응을 일으키면 시력을 상실할

수도 있다.

3) 모다발 검사(Strand test)

> * 모근 가까이에 있는 버진헤어와 손상되어 구멍이 많이 생긴 모발 끝은 탈색 정도가 다양하게 나타난다. 다공성이 생긴 케라틴은 탈색제의 영향을 더 빨리 받으므로 신중하게 처리하지 않으면 심각한 손상이 생길 수도 있다. 모다발의 중간부분은 저항력이 더 강해서 탈색시간을 더 길게 해야 한다. 시간과 다공성 문제는 모다발 검사를 실시하여야 해결할 수 있다. 이는 다공성, 손상모발, 온도변화, 부적합한 혼합이나 응용 등의 심각한 문제를 예방할 수 있는 절차이다.
> • 반영구 또는 영구 산화 염모제는 천연 멜라닌보다 탈색하거나 제거해 내기가 훨씬 어렵다. 모다발 검사를 하면 모발이 어떻게 반응할지에 대한 중요한 정보를 얻을 수 있도록 실시함으로써 적당한 손질과 주의는 모발과 두개피부가 심하게 손상되는 것을 막을 수 있다.

색의 진행과 결과를 관찰하기 위해 실시하는 모다발 검사는 새로 자라 나온 부위에 염모제를 도포하고 진행시간을 본 후 결과를 검사하기 위해 염제를 젖은 타월로 깨끗이 닦아 낸다. 전체 모발을 도포하고 마지막 결과를 검사하기 위해서는 물에 적신 타월로 염제를 닦아 내고 모근과 모간 끝의 색상을 비교 일치시켜 보면서 진행시킨다. 모다발 검사는 두정부의 모다발을 실험시료로 주로 이용하며 숙달된 미용사만이 할 수 있다.

시료채취(test cutting)

염모제로서 염색시술 전에 미리 색상의 결과를 예측 또는 희망컬러에 대해 어떻게 반응되는지를 알아보거나 고객의 모발을 시료로 사용하기 위해 절단한다.

상반 테스트(hair compatibility test)

이미 사용된 제품(모발의 기염부)과 현재 사용하고자 하는 희망컬러 염모제와의 상호 작용을 알아보는 검사이다. 특히 식물성 염료인 헤나 또는 금속염에는 컬러 지속제(colour -restorers)가 포함되어 있기 때문에 다른 염모제를 사용할 시 즉 산화유기염모제로서 모발에 시술시 발색 또는 탈색에 지장을 초래하므로 헤나 또는 금속염의 존재 유무에 관한 검사이다.

금속성염과 코팅(coating) 염료를 위한 실험

○ 유리 비커에 6% 농도의 과산화수소로 희석한 20볼륨 30㎖(1온스)와 28% 농도의 암모니아수 20방울을 섞는다(산화제 20 : 암모니아수 1).

○ 고객의 모발 한 가닥을 잘라서 테이프로 묶고, 30분간 이 용액에 담가 둔다.

○ 꺼내어 타월에 물기를 닦고, 모발을 주의 깊게 관찰한다.

반응

○ 납성분이 첨가된 염모제로 염색된 모발은 즉시 탈색된다.

○ 은으로 염색된 모발은 전혀 반응을 보이지 않는다. 이것은 다른 화학약품도 반응을 일으키지 못하리라는 것을 보여 준다. 왜냐하면 코팅은 다른 제품의 침투를 못하게 하기 때문이다.

○ 구리로 염색한 모발은 부글부글 끓기 시작하며 쉽게 부스러진다. 이런 모발은 만약 다른 염색제나 펌 용액에 들어 있는 화학물질이 적용될 경우 심하게 손상되거나 파괴된다.

> *코팅염료로 처리한 모발의 색상은 변하지 않으며 점막이 형성되어 탈색되지도 않는다. 이런 모발에는 화학적 시술이 쉽지 않으며 코팅된 모발에 다른 염모제를 사용하여 시술할 경우에는 시간이 오래 걸려 모발을 손상시킬 가능성이 높다.

모발에서 코팅 제거

금속성 염료나 비산화성 염료 용액을 제거하기 위한 준비로 모발에 있는 금속성이나 코팅염료를 제거하는 데 도움을 받을 수 있다. 앞으로 있을 화학적 시술을 위한 가장 효과적인 방법은 염색된 기염부 모발을 잘라 버리는 것이다.

염료 제거

고객의 모발에서 염료를 제거하는 방법은 여러 가지가 있다. 유성 염료 제거제(oil-based hair color removers)는 모표피로부터 색소를 분리해 내나 모피질에 흡착된 염료 색소 분자는 제거되지 않는다.

* 대부분의 염착된 염료의 제거제는 케라틴을 달리 손상시키지 않고도 산화색조를 표백할 수 있으나 컬러레벨은 크게 변화시키지 않는다. 염료 분자를 파괴하는 알칼리 성분이 들어 있는 염료용제는 유성 제거제(oil based)보다 표백효과가 훨씬 강한 차아황산소다, 싸이오황산소다, 포름알데하이드, 설포옥신산나트륨 등이 가장 일반적으로 사용되는 제품이다.
• 알칼리 성분인 염료용제는 모표피를 개열시킴으로써 탈색성분이 침투되도록 한다. 이는 강하여 피부에 자극을 준다. 또한 어떤 제품은 부식성이 강한 파우더와 섞어서 사용하기 때문에 자극적인 증기를 발생시킴으로써 미용사들은 환기가 잘 되는 곳에서 먼지 마스크와 장갑을 착용하여 작업을 해야 한다.

두개피의 관찰(Scalp analysis)

탈색이나 염색 전에는 두개피상태를 신중히 살펴봐야 한다. 두개피부염증, 홍조, 약하거나 부풀어 오른 조직, 숙폐(宿弊), 과다 건조증 등의 피부질환 징후를 살펴봐야 한다. 모발 염색 제품을 안심하고 사용해도 되는지 또는 어떤 특별한 모발 문제가 있는지를 결정짓기 위해 조심스럽게 두개피를 관찰해 본다. 두개피부질환이 의심되면 화학처지를 하기 전에 고객에게 우선 피부전문의를 만나 볼 것을 권해야 한다.

관찰 사항

관찰 결과는 다음 중 필요한 절차를 미리 예측할 수 있다.
◦ 재컨디셔닝(reconditioning) 처리를 해야 하는지 파악해야 한다.
◦ 염색제의 제거 유무를 파악해야 한다.
◦ 금속성 염색제의 제거문제 유무를 파악해야 한다.
◦ 모발이 손상되었거나 다른 문제로 인해 시술과정을 변경시킬지의 유무를 파악해야 한다.

관찰 결과

아닐린 유도성 염료는 다음과 같은 조건일 경우에는 사용하면 안된다.
◦ 피부검사 결과 양성반응일 경우이다.
◦ 두개피부가 자극되어 있거나 발진이 있을 경우이다.
◦ 전염성 문제가 두개피부나 모발에 있는 경우이다.
◦ 금속성 혹은 혼합성 염료를 사용했을 경우이다.

4) 염색 시술 전·후의 조건

- 디자인 컷된 스타일 염색은 고객의 만족을 증대시킬 수 있으며 hair colorist의 전문성을 돋보이게 한다.
- 고객의 라이프스타일로서 개인적 특성, 취향, 나이, 직업, visagism 등을 파악한 후 고객기록카드를 컬러 예약 직후에 기록한다.
- 어둡거나 진한 색상은 무거운 분위기를 연출하며 강한 선의 헤어컷에 어울린다.
- 밝은 색상은 젊어 보이게 하거나 부드러움을 준다.
- 강렬한 반사빛인 구리빛, 보라빛, 붉은빛은 시선을 끌어주며 웨이브의 흐르는 선은 밝은 계열의 색상에서는 선의 명도를 부과시킨다.
- 염색결과를 오래도록 유지시키기 위해서는 home care로서 양질의 샴푸와 모발 컨디셔너 사용을 조언한다.
- 염색 후 3~4주 정도 지나면 모근 부위에 신생모가 자라므로 재염색을 위한 조언을 잊지 않는다.

5) 염색 시 주의점

산화제를 이용하는 시술에 있어서 제조업체의 설명서를 무시하면 두개피부에서의 피부염과 피부, 눈에 심각한 부상을 당할 수 있다. 그러나 제품과 그 사용기술에 대한 사항들은 충분한 시간을 두고 완벽히 익히면 문제는 거의 없다고 볼 수 있다.

- 패치 테스트를 반드시 한다.
- 스트랜드 테스트 및 컬러검사를 하면 미리 결과색상을 예측한다.
- 모발 진단을 바르게 한다(자연모의 레벨 등급 확인, 모발 길이와 모발 끝부분의 레벨 및 반사빛 확인).
- 백모일 경우 %를 확인한다.
- 고객의 현재 모발색 등급과 명도를 확인한다.
- 고객이 원하는 색의 등급과 톤을 결정한다.
- 고객과의 충분한 상담을 유도한다.
- 제품의 변질 유무 및 산화제의 볼륨 선정을 확인한다.

◦ 시술시간을 지킨다. 도포시간을 길게 잡지 않도록 하며 도포할 곳만 정확히 도포한다. 짧은 방치시간은 염색제의 발색이 완전하지 못하며(염색제의 고착이 불안정), 반대로 너무 긴 방치시간은 지나친 산화작용으로 모발을 손상시킨다.

◦ 일정한 섹션양과 함께 얇게 슬라이스(0.6㎜)한다.

◦ 실내 온도가 37℃ 이상이 되면 산화가 촉진된다.

◦ 두개피부와 모발의 지방 성분을 지나치게 세척하는 강한 샴푸는 사용을 금한다.

◦ 염모제(1액+2액)의 용량을 지킨다.

◦ 헤어컷 및 모발다공성 유무에 따른 시술과정을 결정한다.

6) 기구

모발염색에 소요되는 시간을 줄여 주는 다양한 기구나 기계들이 출시되어 있다.

◦ 염모과정 처리기구는 대개 좌식 헤어드라이어(sit down hair dryer)처럼 생긴 습열기구는 물을 채워서 사용해야 한다. 이 기계는 물을 가열함으로써 뜨거운 수증기를 후드 안쪽에 분사시키는 증기기구이다. 일반 화학제의 대부분은 온도가 증가되면 화학반응 속도 또한 증가된다.

◦ 건열(dry heat) 역시 염색 절차 과정을 줄여 주므로 재래식 헤어드라이어나 열 램프(heat lamps)에 응용할 수 있다. 건열을 이용한 기구는 사용 시 증발을 동반하기 때문에 염료 혼합물이 마르지 않도록 두부에 씌워야 한다. 이때 캡에 작은 구멍을 여러 개 뚫어서 여분의 열과 혹시 생겨날 수 있는 화학가스가 빠져나갈 수 있도록 해야 한다.

◦ 후드 드라이어(hood dryer) 또는 인프라 붉은색 가속기(infra-red accelerator) 등이 제한적으로 사용될 수 있다.

◦ 염색의 진행을 위해 필요한 만큼의 적당한 열을 공급하는 이 기구의 열은 solar 또는 climazon으로부터 공급된다. 흩트리지 않고 전구로부터 나오는 빛이 고객의 모발에 직접적으로 향하게 기구를 위치시킨다.

◦ 스티머는 물에 열을 가하여 수증기로 변환시키는 장치이므로 색을 진행

시키는 데 굳이 필요치 않다.

- 습기는 염모제를 희석시켜 결과를 덜 효과적으로 만들기도 하기 때문이다.
- 이와 같은 외부열(인프라 붉은색 가속기, 후드 드라이어, 스티머 등)의 사용은 바람직하지는 않다.
◦ 열은 피부와 모발에 심각한 손상을 일으킬 수 있으며 색상의 밝기조절을 어렵게 하기 때문이다.

8-2. 탈색 테크닉

1) 탈색의 기초 테크닉

◦ 탈색제는 알칼리성이 강하고 산화제가 들어 있기 때문에 두개피부와 자주 접촉 시 피부염이 발생할 수 있다.
  - 탈색제가 두개피부나 피부에 닿았을 때 고객의 두개피부가 당기거나 건조해지기도 한다.
  - 탈색 시술 24시간 동안에는 샴푸를 하지 않도록 하는 게 좋으나 고객이 스프레이와 스타일링 제품의 찌꺼기를 제거하는 용도로만 샴푸를 사용하도록 권할 수도 있으나, 꼭 필요한 경우가 아니라면 탈색 전에는 샴푸를 해선 안 된다.
  - 탈색 전 또는 탈색 시에는 두개피부의 천연 피지로서 두개피부를 보호하기 위해 탈색하기 전 24시간 동안에는 샴푸를 하지 않는다.
◦ 자라난 버진헤어 탈색 시에는 이미 탈색된 부위를 중복도포 하지 않도록 한다.
◦ 두개피부에서 발산되는 열이 화학반응을 촉진시킨다. '온도가 10℃' 올라가면 화학반응 속도는 두 배가 된다.
◦ 두개피부 열에 의해 탈색이 빠른 시간에 형성되므로 모근 쪽부터 1~1.5㎝ 띄운 후 탈색제를 도포한다.
◦ 모발 케라틴의 손상과 두개피부 자극에 영향을 가져다주는 암모니아와 과산화수소 양을 임의로 늘리지 않아야 한다.

◦ 두개피부 가까운 쪽, 모발 손상이 많은 부위, 염색모, 가늘고 건조한 민감성 모발, 자연모의 레벨1이 6(검정~황금빛 오렌지) 이하일 때에는 탈색이 빨리 된다.

　－ 긴 모발의 모간 끝 부분, 저항성모, 발수성모, 자연모의 레벨이 2~3 정도의 굵은 모발은 탈색이 느리게 일어난다. 이때는 탈색제가 마르지 않게 비닐캡을 쓰거나, 알루미늄 포일을 사용 탈색을 촉진시킨다.

【표 8-1】 Natural Hair Level – 자연방치(탈색제 도포 후 시간경과도)

색상	시간	모발색상
1. 검정색(Black)	시료 (버진헤어)	
2. 갈색을 띤 검은색 (Brownish Block)	2분 50초	
3. 아주 어두운 갈색 (Darkest Brown)	4분 35초	
4. 어두운 갈색 (Dark Brown)	7분 00초	
5. 중간 갈색 (Medium Brown)	10분 11초	
6. 밝은 갈색 (Light Brown)	14분 20초	
7. 어두운 금발 (Dark Blonde)	19분 05초	
8. 중간 금발 (Medium Blonde)	23분 20초 (15분 후 재도포)	
9. 밝은 금발 (Light Blonde)	30분 00초 (20분 후 재도포)	
10. 매우 밝은 금발 (Very Light Blonde)	45분 40초 (20분 후 재도포)	

【표 8-2】 Natural Hair Level − Heating cap(탈색제 도포 후 시간경과도)

색상	시간	모발색상
1. 검정색(Black)	시료 (버진헤어)	
2. 갈색을 띤 검은색 (Brownish Block)	1분 00초	
3. 아주 어두운 갈색 (Darkest Brown)	2분 35초	
4. 어두운 갈색(Dark Brown)	3분 50초	
5. 중간 갈색(Medium Brown)	4분 50초	
6. 밝은 갈색(Light Brown)	5분 25초	
7. 어두운 금발(Dark Blonde)	7분 05초	
8. 중간 금발(Medium Blonde)	8분 00초 (7분 후 재도포)	
9. 밝은 금발(Light Blonde)	9분 40초) (7분 후 재도포)	
10. 매우 밝은 금발 (Very Light Blonde)	11분 00초 (7분 후 재도포)	

【표 8-3】 모발기여색소등급 10단계

Level	색상	탈색비율	진행시간	모발색상	비고
1	검정색	1:3	0분		
2	갈색을 띤 검정색	1:3	2분		
3	아주 어두운 갈색	1:3	5분		
4	어두운 갈색	1:3	10분		
5	중간 갈색	1:3	25분		
6	밝은 갈색	1:3	40분		
7	어두운 금발	1:3	60분		2번 탈색
8	중간 금발	1:3	100분 (1시간 40분)		2번 탈색 후 가온
9	밝은 금발	1:3	130분 (2시간 10분)		3번 탈색
10	매우 밝은 금발	1:3	150분 (2시간 30분)		3번 탈색 후 가온

2) 버진헤어의 탈색(Lightening virgin hair)

탈색 전에 모발가닥 검사가 필요하며 진행시간, 탈색 후의 모발의 상태, 그리고 탈색 후의 결과를 결정한다. 주의 깊게 고객 기록 카드에 모든 기록을 남긴다.

(1) 예비시험의 결과

만약 테스트에서 모발이 충분하게 탈색되어지지 않았을 경우 다음과 같이 처리한다.

- 배합의 강도를 증가시킨다.
- 진행시간을 늘린다.

만약 너무 탈색되었을 경우 다음과 같이 처리한다.

- 배합의 강도를 낮춘다.
- 진행시간을 줄인다.
- 모발의 손상, 변색 그리고 탈색의 배합 반응을 주의 깊게 지켜본다.
- 색상이나 상태가 좋은 경우 탈색을 시작한다.

> *토너에 아닐린 유도 염료가 함유되어 있어 알레르기 부작용이 있을 수 있으므로 24~48시간 전에 피부첩포 실험을 마친다. 고객의 시간 절약을 위해 탈색의 모발가닥 검사와 알레르기 반응 검사는 같은 날 실시한다.

(2) 도구와 재료

타월, 빗, 보호용 장갑, 플라스틱 클립, 염색용 케이프, 샴푸, 과산화물, 산성린스, 솜, 보호 크림, 린스, 탈색제, 타이머기(timer), 기록카드, 염색 보올과 브러시, 계량용 플라스틱 보올 혹은 유리컵 등이 사용된다.

(3) 순서

- 고객을 준비시킨다. 고객 의복을 보호하기 위해 타월과 염색용 케이프를 두른다.
- 두개피부와 모발을 분석하여 고객기록 카드에 기록한다. 고객의 두개피부에 손상이 있거나 염증이 있을 경우에는 시술을 금한다.
- 모발에 브러싱을 하지 않는다.
- 만약 토너를 사용한다면 알레르기 반응 검사를 하며 음성 반응일 경우에만 사용한다.

- 두개골의 두발을 4등분한다.
- 보호용 크림을 헤어 라인과 귀 뒤에 도포한다.
- 시술자는 보호용 장갑을 사용한다.
- 탈색제를 배합한다. 배합 즉시 사용함으로써 탈색제의 효과가 떨어지는 것을 방지한다.
- 탈색제를 도포한다. 보통 두부의 뒷부분부터(B.P~N.P) 시작하나 저항성 모 또는 특별히 검게 보이는 부분부터 도포를 시작한다. 탈색제를 ⅛인치(0.3㎝) 슬라이스 섹션 간격으로 시술한다. 두개피부로부터 ½인치(1~1.5㎝) 떨어져서 시작하며 모발의 끝까지 도포한다.
- 탈색제를 블록에 슬라이스섹션을 나누어서 계속 도포한 다음, 살펴보아 탈색제가 제대로 도포되지 않았거나 충분하지 못하면 다시 도포 한다. 절대로 모발에 빗을 사용하지 않는다(탈색하는 동안 모발에 습도를 유지하기 위하여 물로 스프레이를 한다).
- 탈색과정을 시험한다. 지정된 시간보다 15분 전에 첫 번째 검사를 한다. 젖은 타월로 머리카락을 닦아 낸다. 만약 탈색이 충분하지 않으면 다시 탈색제를 도포하고 원하는 색상이 될 때까지 자주 체크한다.
- 탈색제는 두개피부에 묻지 않도록 하며, 모근 가까이에 도포한다. 만약 필요하다면 다시 탈색제를 배합하여 사용한다. 모발 전체를 원하는 색상이 될 때까지 도포하고 모다발검사를 한다.
- 탈색제를 제거한다. 찬물로 전체를 헹구어 낸다. 탈색제가 두개피부를 민감하게 만들므로 차가운 물을 사용하면 가려움증이나 피부 트러블을 감소시키므로 찬물로 헹구어 낸다.

> *산성 샴푸를 사용하며, 손에 모발이 엉키지 않도록 부드럽게 산성샴푸로 제거한다. 탈색은 적절한 샴푸와 린스로 마무리를 해야 한다. 샴푸와 린스로 모발을 적절하게 씻어 주지 않으면 알칼리 찌꺼기가 케라틴에 붙어 남게 된다.

- 찌꺼기를 적절히 중화시키지 못하면 손상이 계속 발생할 수 있다. 완벽하게 중화시키려면 산성린스, 약산성 샴푸, 컨디셔너를 이용해 모발을 관리해 주면 된다.

○ 두개피부를 부드럽게 마사지해 주면 민감한 두개피부조직에 염증이 생기는 것을 예방할 수 있다.
○ 산성 린스로 모발의 알칼리성을 중화하거나 혹은 중성 린스를 사용한다. 필요하다면 다시 컨디셔닝한다.
○ 타월로 모발을 말린다. 만약 제품 설명서에 지시가 있을 때에는 차가운 바람으로 완전히 모발을 건조시킨다.

3) 재탈색(Lightener retouch)

염색 후 다시 자란 모발은 탈색된 기염부의 모발 색상과 두드러진 차이를 드러난다. 이때 다시 자란 모발을 기염부의 모발 색상과 거의 같게 재탈색(**lightener retouch**)해야 한다. 이때 탈색제는 단지 새로 자라난 모발 부분에만 적용해야 한다.

그러나 다음과 같은 경우는 예외로 한다.
○ 다른 모발색을 원하는 경우
○ 보다 밝은 색조를 원할 경우
○ 모발 색조의 반복 사용으로 인해 깨끗하지 않을 경우

위와 같은 경우에는 일단 탈색제로 다시 자란 부분만 탈색한 다음, 나머지 모발 부분은 전체를 부드럽게 탈색제를 도포한 후 1~5분 동안 진행과정을 거친다.

재탈색 시 주의사항
○ 항상 고객관리 카드를 참조해야 하며 탈색제의 배합과 소요 시간 등을 예측하여 특별한 문제점 등을 질문과 동시에 정보를 얻는다.
○ 순서는 버진헤어 탈색과 같으나 단지 탈색제는 새로 자란 모발에만 도포한다.
○ 크림 타입의 탈색제는 일반적으로 재탈색용으로 사용되는데, 이는 점성이 있기 때문에 이미 탈색된 부분에 탈색제가 도포되는 것을 방지하기가 용이하고 두개피부에 대한 작용이 부드럽기 때문이다.

○ 이미 탈색된 부분에 다시 탈색제를 겹쳐 바르는 것(over lapping)은 모발이 끊어지거나 자국이 남는 등의 원인이 된다.

안전 예방제(Safety precaution)

○ 토너(toners)를 사용하기 24~48시간 전에 알레르기 반응 검사를 한다.

○ 탈색제를 배합하기 전에 제조회사의 설명서를 읽는다.

○ 시술 전후에는 반드시 손을 씻는다.

○ 고객의 옷을 보호하기 위하여 드래핑(draping)을 철저히 한다.

○ 두개피부를 주의 깊게 살핀다. 두개피부에 손상이나 염증이 있는 경우 탈색제 사용을 금한다.

○ 모발에 브러싱을 하지 않는다. 만약 샴푸 과정이 필요하다면 두개피부를 문지르지 말고 모발만 가볍게 실시한다.

○ 모발의 상태를 분석하여 필요하다면 트리트먼트를 시행한다.

○ 시술자는 보호 장갑을 착용한다.

○ 반드시 소독된 도구와 타월을 사용한다.

○ 재탈색 시에도 모다발검사를 실시한다.

○ 크림 탈색제는 반드시 밀도가 높은 것을 사용하여 흘러내리는 것과 겹쳐 발라지는 것을 방지한다.

○ 탈색제는 혼합하여 바로 사용한다. 쓰고 남은 탈색제는 버린다.

○ 탈색제는 모발이 굵은 부분을 먼저 실시한다. 사용 시 0.6~1cm 정도로 섹션하여 모다발 앞뒤로 정확하게 도포 시술한다.

○ 고른 탈색을 위하여 빠르고 깨끗하게 도포한다.

○ 원하는 색이 나오기까지 자주 모다발검사를 실시한다.

○ 탈색 시술 후 두개피부와 피부를 검사하고 차갑게 젖은 타월로 탈색제를 부드럽게 제거한다.

* 탈색제는 두개피부에서 최고 1시간까지 안전하다. 고객의 목부분의 타월이 젖었을 때는 제거하고 새것으로 대치하여 피부의 자극을 피한다. 반드시 차가운 물과 부드러운 샴푸로 탈색제를 제거한다. 고객기록 카드에 빠짐없이 기록하고 사용한 모든 도구와 기기들을 청결히 소독하여 주의하여 보관한다.

토너 사용을 위한 탈색과정

◦ 자연색소를 탈색시키게 되면 본래의 기본색에 따라 달라지듯이 밝은 모 발색은 대개 더 빠르고 쉽게 탈색된다. 반면 더 어두운 모발은 종종 탈 색하기가 훨씬 어렵고 황금색 단계 이상으로 탈색되지 않는다.

◦ 원치 않는 놋쇠빛의 색조는 토너로 중화할 수 있다.
　－파란색의 토너를 침전시키면 주황색 모발이 중화된다.

◦ 모발 단백질인 케라틴 자체가 옅은 노란색을 띄므로 완벽한 흰색의 바 탕색소를 만들기가 쉽지 않다.
　－파스텔 토너는 모발을 가장 옅은 노란색으로 밝게 한 다음 원하지 않는 노란색을 가라앉혀서 백모로 보이도록 착시효과를 준다.

【표 8-4】 원치 않는 놋쇠빛이 나는 레벨 6의 노란 주색으로 표백된 모발

level \ color	Yellow	Red	Blue
10		■■■	
9			
8			
7			
6			
5			
4			
3			
2			
1			

【표 8-5】 노란 주황색 모발에 파란색 토너를 추가해서 놋쇠빛 색조를 교정한다.

level \ color	Yellow	Red	Blue
10		■■■	■■■
9			
8			
7			
6			
5			
4			
3			
2			
1			

【표 8-6】 level 10의 연한 노란색으로 탈색한 모발(pale   yellow bleached)

color level	Yellow	Red	Blue
10			
9			
8			
7			
6			
5			
4			
3			
2			
1			

【표 8-7】 level 10의 연한 노란색 모발에 파란색 토너를 추가하면 녹색 모발이 된다
(pale yellow with blue toner).

color level	Yellow	Red	Blue
10			
9			
8			
7			
6			
5			
4			
3			
2			
1			

◦ 조색액은 단지 특정 색상을 만들기 위해 요구되는 특정 등급의 밝기에
   있는 색소에 원하는 색조를 만들기 위한 것이다.
   － 토너인 조색액은 밝고(light) 옅은(delicate) 색상의 염모제로서 특정
      등급으로 산화된 모발에 사용한다.
   － 아주 밝고 옅은 조색액은 특별히 밝은 등급의 색소로 탈색한 후 사용
      하기 위한 것이다.
   － 원하는 색보다 기본 색조가 더 진하면 모발을 미리 밝게 탈색한 다음
      토너를 도포해야 원하는 색상을 만들 수 있다.

* 토너(toners)는 앞서 탈색된(prelightened) 모발을 보기 좋게 어두운 색으로(delicate shade) 토닝 (taning)하는 작업은 미용실에서도 쉽게 할 수 있다. 토너가 염모제와 구별되는 유일한 사항은 색의 채도(color saturation)로서 토닝은 실제로 어떤 제품유형이라기보다는 하나의 기법에 속한다.

토너의 선택

토너는 암모니아가 포함된 산화 토너와 암모니아가 포함되지 않은 비산화 토너로 나눌 수 있다.

- 산화 토너는 2제를 필요로 하지만 산화 염모제를 만들며 오래 지속된다.
  - 산화 염모제는 재염색을 위해 사용될 수 있다.
  - 2제는 반드시 6%나 9%를 사용한다.
- 비산화 토너는 암모니아를 포함하지 않고 2제를 필요로 하지 않기 때문에 두개피부에 자극이 적다.
  - 색조는 약 4회의 샴푸까지 지속되며 모든 비산화 염모제가 조색을 위해 사용될 수 있는 것은 아니기 때문에 사용 설명서를 반드시 읽어 확인해야 한다.
- 선택한 토너의 기본 색상을 정확히 알기 위해 제조업체의 컬러차트를 확인하여 이것이 기여색소와 혼합될 때 정확하게 원하는 색조를 만들 수 있도록 한다.

* 토너의 선택은 원하는 색의 탈색정도, 중화되는 것 등 색의 법칙을 참조한다. 모발이 충분히 팽윤되었을 경우 토너의 원하는 색상을 얻을 수 있을 것이다. 경우에 따라서 자연의 금발, 회색모발 또는 백모 등도 모공상태가 준비되지 않으면 정확한 토너의 색조를 얻을 수 없다. 따라서 반드시 탈색과정을 거쳐야 한다.

토너 시술의 준비

토너사용을 위하여는 탈색의 10등급 과정을 통하여 이루어진 정확히 탈색된 모발이 필요하다.

- 알레르기 반응 검사는 토너 사용 전 24~48시간 전에 시술한다.
- 모발가닥 검사도 알레르기 검사와 같은 날 같은 시간에 시행하여 결과를 예정한다.
- 모발 상태가 좋으며 피부첩포 실험 결과 음성반응이 나왔을 경우에만

시술한다.

◦ 탈색한 모발이 원하는 색상이 되었는지를 확인한다.

◦ 샴푸와 린스를 가볍게 하고 타월 드라이를 한다.

◦ 필요에 따라 산성처리나 컨디셔닝을 한다.

◦ 원하는 토너의 색조를 선정한다.

◦ 보호용 크림을 발제선 부위와 귀에 도포한다.

◦ 고객카드의 모발가닥 검사 결과를 확인한다.

◦ 제조회사의 설명서에 따라 토너와 과산화물을 배합한다.

*토너 제조업체는 미용사가 원하는 색조를 얻기 위한 적당한 탈색과정을 설명할 것이다. 일반적으로 지켜야 할 것은 보다 옅은 색은 반드시 탈색과정이 충분해야 한다는 점이다. 지나치게 탈색된 모발은 토너의 색조가 지나치게 강조될 것이며, 탈색이 충분히 이루어지지 않으면 예상한 색보다 붉거나 노랗거나 주황색으로 나타날 것이다.

도구와 재료

타월, 빗, 보호용 장갑, 플라스틱 클립, 염색용 케이프, 산성린스, 면솜, 과산화물, 보호용 크림, 기록카드, 토너(toner), 시술용 컵 혹은 브러시, 타이머기 등이 사용된다.

순서

보호용 장갑은 시술하는 동안 계속 착용한다. 시술의 신속함과 정확성은 좋은 색의 결과에 결정적인 역할을 한다.

◦ 두개골을 4개의 블록으로 나눈 모다발을 꼬리빗과 염색용 브러시를 사용하여 두개피부에 손상이 가지 않도록 섹션을 나눈다.

◦ 4등분으로 나눈 크라운 부위를 ¼(0.625㎝)인치씩 등분을 나누고 토너를 두개피부부터 모발 끝까지 도포한다.

◦ 모다발 검사가 정확할 경우 브러시나 손가락을 이용하여 부드럽게 토너를 도포한다.

◦ 모발의 끝부분이 심한 다공성일 경우에는 너무 많은 토너가 흡수될 가

능성이 있기 때문에 마지막에 도포한다.

◦ 만약 필요하다면 모발에 토너를 추가로 도포한다. 필요시 모발을 방치하거나 혹은 비닐캡으로 덮는다.

◦ 시간은 모발가닥 검사에 따른다. 원하는 색조에 이를 때까지 계속 검사한다.

◦ 피부, 발제선 그리고 목 부분의 토너를 먼저 제거하고, 모발을 가볍게 문지르듯 부드럽게 샴푸한 다음 잘 헹군다.

◦ pH가 약한 산성린스를 사용하여 모표피가 잘 닫히도록 하면 색이 바래는 것을 최대한 방지할 수 있다.

◦ 모발을 지나치게 잡아당기지 않도록 주의하면서 원하는 헤어스타일을 연출한다.

◦ 자세히 고객기록 카드에 기록하고 주위를 청소한다.

토너의 재시술

토너의 재사용 시는 모발 분석에 주의를 기울인다.

◦ 새로 자란 모발은 반드시 처음과 같은 등급으로 탈색시킨다.

◦ 분석과 모다발 검사에 기초하여 원래의 같은 시술에 있어서는 모발 전체에 토너를 도포하거나 또는 새로 자란 모발에만 도포한다.

◦ 새로 자란 부분이 거의 비슷한 색조를 이루었을 때에는 토너를 묽게 하여 나머지 모발에 시술할 수 있다.

4) 탈색제 응용 테크닉

모발로부터 너무 어두운 인공색소를 밝게 하거나 앞전의 염모된 색을 제거하기 위해 사용한다.

◦ 전에 염모된 모발 위에 밝은 밝기의 염색제를 도포하여 더 밝은 색을 얻고자 하면 결과는 시작보다 더 어둡게 되기 때문이다.

◦ 색을 벗겨 내는 컬러 제거제(stripper)들은 대부분 모발 시스틴을 감소시키거나 표백작용을 한다.

◦ 컬러 제거제의 가장 약한 혼합물은 색의 축적이나 일시적 또는 반영구

적 염모제로 염색된 색상을 약간만 제거할 때 이용된다.

－이런 경우의 제품은 10vol(3%) 또는 물과 같은 낮은 세기의 H_2O_2와 혼합된다.

(1) 샴푸 블리치(shampoo bleach)

∘ 자연모발 색상에서 1~½tone 정도의 탈색을 하고자 할 때에는 샴푸 블리치제(탈색제 10g + 6% H_2O_2(20~30vol) 30㎖ + 샴푸제 10㎖ + 물 60㎖ = 1:3:1:6의 비율로 혼합)를 건조된 모발에 뭉치지 않게 도포하여 샴푸를 하듯이 마사지한다.

∘ 특히 공기의 투입이 잘 되도록 하며 어느 특정 부위에만 온도가 급상승되지 않도록 고른 온도를 유지하면서, 원하는 탈색 정도에 따라 5~30분 정도 시간을 조절한 다음 세척 후 코팅이나 염색을 한다.

∘ 샴푸 블리치제는 알칼리 성분으로 모표피를 팽윤시키며 계면활성제의 기포작용에 의해 용액 도포에 따른 얼룩을 방지시키는 작용을 한다.

(2) 블리치 컨디셔너(bleach conditioner) = Clinic Bleach

탈색제의 성분에는 트리트먼트 성분(습윤제, 유화제, 가용화제, 유성성분, 향료 등)이 들어 있지 않아 모발의 손상도가 크다. 이를 방지하기 위해 C-keratin 제품을 사용한 블리치 컨디셔너 제품(탈색제 + 산화제 + C-keratin 또는 L.P.P제품)을 건조된 모발에 골고루 도포, 방치 후 세척한다.

(3) 애벌 염색(fillers, per-pigmentation)

애벌 염색은 다음과 같은 경우에 시술한다.

∘ 모표피가 촘촘하거나 두꺼워 보통 모발보다 팽윤, 연화가 힘든 경우 또는 염색 후 자란 모발이 6㎝ 이상일 때 모발을 부드럽게 연화시켜 염료의 침투를 쉽게 하기 위해 시술된다.

∘ 모발이 심한 다공성이어서 염색이 고르지 못하고 얼룩질 가능성이 있을 때 다공성 부분을 메워 주기 위해 시술된다.

∘ 상한 모발에 더 어둡게 또는 더 붉은 색감의 색을 사용할 때 쓰이는 테

크닉이다.

- 한번 모발이 밝게 된 경우에 잃어버린 붉은색 색소를 대체하는 방법이다.
- 모발이 가늘거나 끝 부분의 탈색이 심하여 상태가 안 좋은 경우에 밝은 색소를 대체시키는 방법이다.
- 전형적인 컬러링 테크닉으로 밝게 염색된 모발을 가진 고객이 본래의 자연적인 색으로 돌아가기를 원하는 경우에 사용한다. 두 종류의 염색 제가 사전 컬러 모발에 사용될 수 있다.

사전 컬러제 선택하기

사전 컬러제로서 영구적인 염모제를 사용하는 경우, 원하는 색보다 1~3단 계 더 어두운 따뜻한 색감의 색을 선택한다. 모발이 상할수록 더 어둡고 붉은 색을 선택해서 사용(재색, 단풍색과 같은 색은 선택하지 않도록 한다)한다.

- 크림상 염모제 13㎎의 색 + 15㏄의 물을 혼합하여 사용한다.
- 액체상 염모제 2~4 뚜껑의 색 + 2~4 뚜껑의 물을 혼합하여 사용한다.

사전 컬러로서 반영구적인 염모제를 사용한 경우

- 손상이 심한 모발에는 반영구적인 염모제의 입자가 더 크기 때문에 더 빠르고 쉽게 흡착되므로 경험이 많은 염색디자이너들이 사전 컬러제로 애용한다.
- 신생부 또는 버진헤어에는 산화제 20vol을 도포한 후, 가열 기구를 이용 하여 열을 10~15분 정도 가한 다음, 희망컬러(1액+2액)를 one touch로 도포하고, 25~30분간 방치 후 세척(샴푸+린스)한다.

(4) 클렌징(cleansing, bleach bath)

테크닉은 제거하고자 하는 색이 너무 어둡지 않거나 강하지 않을 때 사용 할 수 있다. 또한 탈색된 모발에 입혀진 토너나 아주 적은 양의 색의 축적을 제거하기 위해서도 사용된다.

- 클렌징제[탈색제 10g + 온수 10㎖ + 샴푸 10㎖ + 산화제 10㎖(1:1:1:1)]

를 모발에 바르고 5~30분 정도 색조가 제거될 때까지 부드럽게 마사지한
후 세척한다. 일명 샴푸 블리치 4~5레벨은 이 방법으로 쉽게 제거된다.

◦ 타월 건조 후 희망컬러(1액+2액)를 모근에서 모간까지 **one touch**로 도포
하고 25~35분간 방치 후 세척(샴푸+린스)한다.

(5) 딥클렌징(deep cleansing)

자연모는 염색으로 밝게 또는 어둡게 할 수 있지만 인공색소인 염모제로
어둡게 염색된 모발은 밝게 할 수 없다. 그러므로 인공색소를 클렌징해야만
원하는 밝은 컬러를 낼 수 있다.

◦ 딥클렌징제(탈색제 10g + 산화제 30㎖)를 모발에 도포하고 50분간 마사
지한다. 이때 두개피부에 자극을 주므로 두개피부에서 2㎝ 정도 띄우고
색상이 많이 겹친 곳부터 전체적으로 도포한 후 마사지하듯이 비벼 준다.

◦ 세척 후 희망컬러(1액+2액)를 모발에 도포하고 25~30분간 방치한 후 세
척(샴푸+린스)한다.

> *딥클렌징은 닦아 내기라고도 하며, 염색모발 명도를 올릴 때 사용한다. 클렌징은 지우기(탈염)로
> 서 5레벨 이하는 클렌징이 어렵다. 현재 염색된 모발의 색조를 지우고 싶거나, 원하는 색조로 입
> 히고 싶을 때의 기법이다. 클렌징은 컬러 스트립핑과 유사하지만 사용되는 제품이 약한 탈색제
> 혼합이다.

8-3. 염색 테크닉

1) 일시적 염색(Temporary coloring)

밝은 색에서 어두운 색, 따뜻한 색에서 차가운 색에 이르기까지 광범위하
게 사용되며, 쉽고 안전하게 쓰인다. 고객이 모발에 하이라이트(high light)를
주고 싶어 하거나, 백모를 매력적으로 보이게 하고 싶거나, 모발 염색을 처
음 시도하는 고객의 경우 염색의 결과를 미리 보여 줄 수 있어서 유용하다.

사용방법

일시적 염색제는 농축 용해액, 샴푸, 컬러 컨디셔너, 세팅로션, 젤, 무스,

스프레이 등 다양한 형태로 나와 있으며, 사용하는 제품에 따라 사용 방법이 다르므로 제품의 사용 설명서를 잘 읽고 시술한다.

도구와 재료

타월, 보호용 장갑, 샴푸 케이프, 빗, 염색용 플라스틱 병, 일시적 염색제, 샴푸, 기록카드 등이다.

순서

두발은 샴푸한 후 타월로 말린다. 일시적 염색제는 피부나 의복을 쉽게 얼룩지게 하므로 손님에게 안전하게 염색보와 타월을 두른다.

- 고객을 샴푸대에 편안한 자세로 눕게 하거나, 혹은 어깨에 플라스틱 안전대를 두르고 준비한다.
- 염료제는 작은 플라스틱 병에 1회용 분량을 덜어서 모발에 도포한다.
- 모발을 팁(tips) 방향인 정방향으로 문지르면서 빗질을 한다.
- 빗으로 염료제가 골고루 도포되었는지를 확인하고, 필요하다면 염료제를 더 사용한다.
- 모발은 헹구지 않는다.
- 원하는 대로 헤어스타일을 시술한다.

뒷정리

- 1회용 재료와 기구는 버린다.
- 용기의 뚜껑을 잘 닫고 주위를 정리한다. 물품 집기는 제자리에 보관한다.
- 도구와 손을 씻고 소독한다.
- 결과를 기록하고 고객기록 카드를 보관한다.

*일시적 염모는 모발 케라틴의 화학변화 없는 염색제로서 염소막이 모발의 모표피를 감싸는 것으로서 염색제가 모피질까지 침투하지 않고 모표피에만 남아 있는 것이므로 다음 샴푸 때까지만 유지된다. 그러나 밝은 금발을 어두운 색으로 염색할 때에는 주의를 기울여야 하며, 본래의 모발색보다 어두운 염모제는 특히 다공성이 많은 모발의 경우 얼룩이 생기며 일시적 염모제는 분자량이 너무 커서 건강한 모표피를 통과하지 못한다. 지나치게 다공성 모발의 경우에는 일시적인 염색제의 침투가 가능하므로 색조는 조금 더 오랫동안 모발에 남아 있다.

2) 반영구적 염색(Semi-permanent coloring)

광범위한 색조가 가능하며 젤, 크림, 액체, 무스의 형태로 만들어져 있다. 그러나 결과는 모발의 자연색, 다공성, 시술시간 그리고 기술에 따라 달라진다. 샴푸의 횟수에 따라 변할 수 있지만 반영구적 모발 염모제는 약 4~6주까지 유지된다. 색분자들의 소량은 모피질에 침투되어 있으나 매번 샴푸를 할 때마다 씻겨 나간다. 모발에 기공이 지나치게 많을 때나 몇몇 반영구적 염모제를 사용하면서 열을 가했을 때 그 효과는 조금 더 영구적일 수 있으며 H_2O_2는 첨가되지 않는다.

* 고객이 영구적 염모제를 사용하기에는 시기적으로 너무 이르게 모발에 흰모발이 희끗희끗 보인다거나 모발의 색이 칙칙하고 무겁다고 느낄 때 좋은 효과를 얻을 수 있다. 반영구적 염모제는 모발에 탈색작용을 하지 않기 때문에 본래의 모발색을 손상시키지 않으면서 광택을 주거나 백모를 착색할 수 있으며 모발의 색을 진하게 할 수도 있다.
* 반영구적 염모제는 획기적인 색을 착색시킬 수 있고 밝은 색으로 특별한 효과를 나타내는 줄무늬(streaks)를 만드는 데에도 쓰일 수 있으므로, 젊은 층의 고객들이 유행의 변화에 맞추기 위해 자주 선택하게 된다. 또한 모발이 새로 자라기 전에 염모제가 사라지게 되므로 고객은 언제나 색상을 바꿀 수 있으며 그러한 효과를 아주 없앨 수도 있으므로 유용한 염모제로 사용된다.

도구와 재료

타월, 플라스틱 병(혹은 플라스틱 컵과 브러시), 면솜, 플라스틱 클립, 염색 케이프, 연성 샴푸, 비닐캡, 보호용 장갑, 빗, 염모제, 보호용 크림, 컬러차트, 고객 기록 카드 등이 있다.

준비단계

◦ 필요하다면 알레르기 검사를 실시한다(제조업체의 지시를 따른다).
◦ 모발과 두개피부를 분석한 후 고객 관리 카드에 결과를 기록한다.
◦ 필요한 물품을 준비하고, 고객의 의복을 타월과 염색 케이프로 보호한다. 고객에게 귀고리 등을 제거한 후 안전한 곳에 보관하라고 설명한다.
◦ 헤어 라인과 귀 뒤에 보호 크림을 바른다.
◦ 미용사는 보호용 장갑을 낀다.
◦ 모다발검사를 실시한다.
◦ 그 결과를 고객 관리 카드에 기록한다.

순서

- 가볍게 샴푸한 후 타월 드라이를 한다.
- 이온 염착으로 염착력을 좋게 하기 위하여 젖은 모발에 시술한다.
- 미용사는 보호용 장갑을 낀다.
- 반영구적 염료를 모발에 도포 한다. 두개피부에서(0.5~1㎝ 띄운 후) 시작하여 조심스럽게 염료를 모발 끝까지 도포한다. 선택한 염모제가 액체이면 플라스틱 병에, 크림 상태이면 브러시를 사용한다.
- 전체 도포 후 모발을 느슨하게 포(髱)를 짓는다.
- 비닐캡이나 가열에 관해서는 제조업체의 지시를 따른다(보통 15~20분 정도 방치하거나, 열처리 후 냉타월로 10분 정도 두부를 감싼다).
- 모다발검사 결과에 따라 시행한다.
- 제조업자가 지시한 시간에 맞추어 염색제가 침투되었으면 따뜻한 물에 모발을 적시고 거품을 낸다.
- 헹군 후 제조자의 설명서에 샴푸를 지시했으면 사용하고 따뜻한 물로 헹군다.
- 모표피를 닫고 염색제를 착색시키기 위해 산성린스를 사용한다.
- 모발을 헹구고 염색한 모발을 타월로 닦는다. 원하는 대로 헤어스타일을 시술한다.
- 고객기록카드를 마무리하고 보관한다.

뒷정리

- 1회용 재료와 기구를 모두 버린다.
- 용기를 덮고 깨끗이 닦아 제자리에 정리 정돈한다.
- 도구와 염색케이프를 닦고 살균한다.
- 주위를 소독한다.

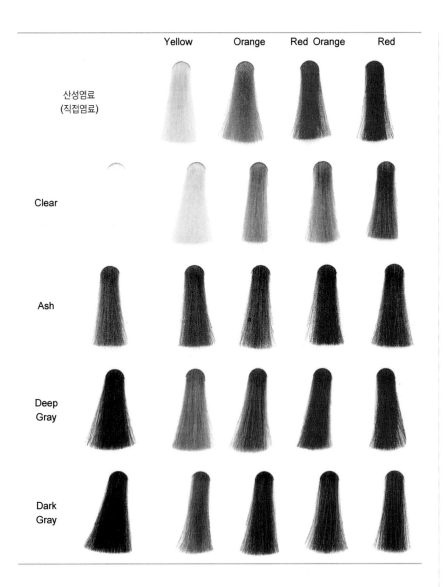

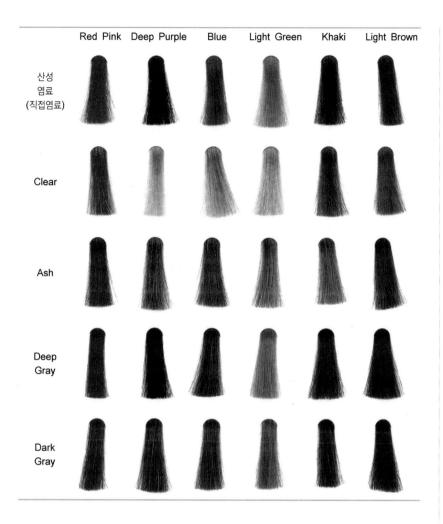

	Red Pink	Deep Purple	Blue	Light Green	Khaki	Light Brown
산성 염료 (직접염료)						
Clear						
Ash						
Deep Gray						
Dark Gray						

3) 영구적 염색(Permanent hair coloring)

(1) 샴푸 염색제(Shampoo-in tints)

샴푸 염색제는 아닐린 유도성 염료, H_2O_2, 그리고 샴푸를 혼합하여 제조
한 것이다. 이 방법은 고객이 모발 염색 과정을 단축시키기 원할 때 사용되
기도 하는데, 이 방법은 반영구적 염색이나 일시적 염색 효과보다 훨씬 범
위가 넓다. 고객은 자연 모발색보다 3~4등급 밝거나 어둡게 색조를 정할 수
있다. 이들 염료는 한 번 사용으로 모발 색에 변화를 줄 수 있고, 백모인 경
우 모발의 광택을 주면서 색의 변화를 만들 수 있으며, 변색되거나 칙칙한
모발을 자연스럽게 염색할 수 있다.

순서

상담을 하고 모발상태를 분석하여 정기적인 염색 절차를 밟는다. 샴푸 염색제를 사용하려면 24~48시간 전에 알레르기 반응 검사를 실시해야 한다.

○ 손님에게 샴푸 케이프를 입히고 샴푸 보울이 있는 곳에 앉게 한다.

○ 물에 젖은 모발에 염모제를 도포, 모발 가닥 가닥에 잘 흡수되도록 골고루 도포한다.

○ 전체를 잘 도포한 후 20~30분간 그대로 둔다.

○ 물을 도포한 다음 모발에 살며시 거품을 내고 따뜻한 물로 헹구어 깨끗해질 때까지 계속한다. 제조회사에 따라 다시 부드러운 샴푸를 요구하는 경우도 있다.

○ 모발을 말리고 원하는 모양을 낸다.

주의 사항

제품 중 하이라이팅 샴푸는 샴푸와 H_2O_2의 혼합물이므로 이것을 사용하면 자연색이 약간 탈색된다. 알레르기 반응 검사를 필요로 하지 않는다. 샴푸 염색제를 사용하고 5~6주 후에 새로운 모발이 자라나게 되면 처음 시술한 방법으로 되풀이해서 시술한다.

*제품에 따라 모발의 두개피부 부분에 처음 도포한 다음 전체를 도포하나 샴푸 염색제는 모발 손상의 원인은 안 된다. 또한 이 제품은 염료가 영구적으로 착색될 뿐 아니라 물에 탈색되지 않으며, 사용 시 모발의 블록이 필요하지 않다.

(2) 단일 과정 염색(One-step tinting)

단일 과정 염모제는 원하는 색을 얻어내기 위하여 탈색과 발색을 단 한 번에 할 수 있는 방법이다. pre-lighting이나 pre-softening은 필요로 하지 않는다.

○ 색조가 가장 짙은 검정색에서 가장 밝은 금발까지 다양하게 얻어질 수가 있다.

○ 고객의 자연 모발 색조보다 밝거나 더 어둡게 염색할 수 있다.

○ 변색 그리고 색이 바랜 모발 끝을 손질할 수 있다.

○ 분말, 크림, 액체 그리고 젤의 형태로 있다.

*단일 과정 염모제는 대개 탈색물질, 샴푸, 아닐린 유도성 염료 그리고 과산화물이 첨가될 때 활성화시킬 알칼리성 물질을 함께 함유하고 있다. 대개의 염모제는 산화제 20% 과산화물과 사용하도록 제조되었다. 그러나 자연 모발과 원하는 모발색의 등급이 3~4등급으로 높아질수록 산화제 30% 혹은 산화제 40%로 사용되며, 염색 결과는 산화제의 종류에 따라 다르게 나온다. 산화제 과산화물의 함유에 따라서 6%는 등급 2단계의 밝기에 사용하며 9%는 3단계, 12%는 4단계 밝게 하고자 할 때 사용한다.

① 버진헤어를 밝게 하기 위한 단일 과정 염색

버진헤어란 화학적 시술을 받지 않고, 자연 요소인 바람이나 햇빛에 의해 손상되지 않은 모발을 일컫는다. 다음 절차는 버진헤어의 기본 염색 과정이다.

재료와 도구

타월, 염색 케이프, 보호용 장갑, 빗, 칼라 차트, 플라스틱 병(혹은 플라스틱 컵과 브러시), 피부 보호 크림, 부드러운 샴푸, 염모제, 과산화수소, 솜, 고객 기록 카드, 산성 린스 등이 있다.

준비단계

- 시술 전 24~48시간 전에 알레르기 반응 검사를 한다. 음성 반응일 경우에만 염색 시술에 들어간다.
- 두개피부와 모발을 세심히 분석한다. 필요하다면 프리컨디셔닝 트리트먼트를 하고 고객관리카드에 그 결과를 기록한다.
- 필요한 모든 준비물(물품)을 준비해 둔다.
- 고객을 타월과 염색 케이프로 보호하고 고객의 액세서리는 안전한 곳에 보관한다.
- 시술자는 보호 장갑을 착용한다.
- 모발가닥 검사를 한다.
- 그 결과를 기록카드에 기록한다.

주의사항

색의 선택에 있어서 미용사는 고객의 의사를 확실하게 이해하고 앞으로 시술하고자 하는 결과에 대해 정확한 지식과 기술을 가지고 있어야 한다.

° 고객과 시술자는 현재의 모발 상태를 이해해야 한다.

° 무엇을 원하는가? 무슨 색상의 변화를 원하는가?

° 무엇을 사용할 것인가?

확인 사항

이러한 질문의 정확한 답의 결정을 위해서 다음의 것들을 확인한다.

° 자연 모발색과 등급, 몇 퍼센트의 흰모발을 포함하는가?

° 원하는 모발의 등급과 톤은 어떠한가?

° 모발색의 원하는 등급에 맞는 정확한 등급의 계산과 원하는 색의 색조
와 과산화물의 산화제를 맞추고 있는가?

순서

° 두부를 4등분하여 나눈다.

° 플라스틱 병이나 브러시를 이용하여 염료를 혼합한다. 액체일 경우에는
플라스틱 통을, 크림은 브러시나 보울을 이용한다.

° 색의 변화가 가장 크거나 모발이 가장 강한 부분부터 시작한다.

° 각 등분에 염모제를 도포할 때는 1㎝ 넓이로 작게 등분을 하여 도포한다.

° 두개피부로부터 ½인치(1.25㎝) 떨어져 두개피부에 묻지 않도록 하며 모
발 끝까지 골고루 도포 한다. 두개피부에 근접한 모발은 체온과 불완전
한 케라틴화 때문에 두개피부 부위에 사용할 염모제는 전체 모발에 우
선 사용한 후에 도포한다. 모발가닥 검사의 결과로 일정한 염색의 산화
를 위한 사용 절차와 시간을 결정할 수 있을 것이다.

° 모발가닥 검사 결과에 따라 진행한다.

° 두개피부 부위의 모발에 염모제를 도포한다.

° 모발 끝 부분까지 잘 도포시킨다.

° 염모제 등급에 따라 시간이 지난 후 미지근한 물에 살짝 헹군다. 거품이
날 정도로 마사지하여 염모제를 헹구어 낸다.

° 발제선 주위에 묻은 얼룩과 남은 염색 혼합물은 샴푸 또는 얼룩제거제
를 묻힌 솜이나 타월로 부드럽게 닦아 낸다.

◦ 산성 샴푸로 철저하게 염모제를 제거한다.

◦ 모표피가 닫히도록 산성 샴푸로 마무리 린스를 하여 pH를 정상화시키고 색이 빠지는 것을 방지한다.

◦ 모발을 타월로 건조한 후 헤어 스타일링을 한다.

◦ 고객관리 카드에 기록한 후 보관한다.

뒷정리

◦ 일회용 도구와 재료는 모두 분리 수거한다.

◦ 용기는 단단히 닫고, 바깥 부분을 깨끗이 하여 정리·정돈한다.

◦ 주위 정리와 함께 도구와 염색용 케이프를 닦고 소독한다.

◦ 손을 씻고 소독한다.

② 버진헤어를 어둡게 염색하는 단일 과정 염색

자연 모발색에 근접하거나 그보다 더 어둡게 염색할 경우 더 옅은 색조를 위해서 같은 준비와 절차를 따르고 다음과 같이 한다.

◦ 적절한 염모제를 선택한다.

◦ 모발의 가장 건강한 곳에서 시작한다(흰 모발이 있을 경우 앞에서부터 시작하며, 흰 모발이 보이지 않으면 뒤에서부터 시작한다).

◦ 두개피부로부터 1㎝ 정도 남기고 모발의 끝까지 염모제로 바른다.

◦ 염색 과정 중에서 모발에 염모제를 도포한 후 빗으로 빗는 것은 모발손상의 원인이 되므로 빗질을 삼간다.

◦ 모발가닥 검사 결과에 따라 진행한다.

◦ 샴푸로 염색제를 제거하고 두발손질을 하며 보통 때와 같은 방법으로 뒷정리한다.

③ 긴 모발을 위한 단일 과정 염색

긴 모발을 위해서도 짧은 모발과 같은 방법으로 준비·절차가 이루어진다. 분석 결과에 따라 모발 끝 컨디셔닝을 한다. 짧은 모발을 염색할 때보다 염색 재료가 더 많이 필요할 것이다.

④ 단일과정 재염색(single-process tint retouch)

모발이 자라면서 재염색을 해야 할 부분이 보이게 될 것이다. 버진헤어 염색과 같이 필요한 도구를 준비하고 다음과 같은 절차를 준비한다.

준비단계

- 시술 전 24~48시간 전에 알레르기 반응 검사를 한다. 음성 반응일 경우에만 염색을 시술한다.
- 필요한 모든 준비물을 준비한다.
- 고객의 의복을 보호하기 위해 타월과 염색 케이프를 두른다. 고객의 모든 액세서리를 제거하고 안전한 곳에 보관할 것을 이야기한다.
- 고객의 기록 카드를 보고 지난번의 염색 색상을 선호하는지 상담한 후 모발을 자세히 분석한다.
- 발제선과 귀에 보호 크림을 바른다.
- 모다발검사를 실시한다.
- 모든 결과를 기록 카드에 기록한다.

순서

- 두부를 4등분으로 나눈다.
- 염모제를 혼합한다.
- 처음 염색했을 때 시작했던 건강한 모발 부위에서부터 시작한다.
- 염색과정을 위해 섹션은 1cm씩 나누어 도포한다.
- 새로 자란 모발에만 염료를 도포한다. 이때 염모제를 새로 자란 모발과 이전의 염색되어진 모발의 경계를 주의해서 겹 바르지 않도록 한다. 왜냐하면 이렇게 덧바르는 부분의 모발이 손상되거나 분리선이 생기게 된다(새로 자란 모발과 염색된 모발을 분리하는 가시적인 선).
- 모발가닥 검사를 통해서 염색제 산화를 확인한다.
- 분석결과와 모발가닥 검사에 따라 모발의 기염부 부분에 나머지 염모제를 도포한다. 이때 먼저 실시한 염색된 모발의 색이 변한 것에 따라 도포하는 염모제 시간이 정해진다. 모발의 색이 많이 바래 있을 경우, 두

개피부 부분의 도포가 끝나면 바로 실시하고 색의 정도 변화가 없을 경우 도포 시간이 늦어진다.

- 지정된 시간이 되었으면 미지근한 물에 살짝 헹군 뒤, 거품이 나도록 모발을 마사지하고 깨끗이 헹군다.

- 발제선 주위에 남은 염료를 샴푸 또는 얼룩제거제를 묻힌 솜을 사용하여 부드럽게 얼룩을 닦아 낸다.

- 산성 샴푸로 섬세히 모발을 샴푸한다.

- 산이나 산성린스로 모표피를 강화하며, pH를 정상화하고 색 바램을 방지한다.

- 두발을 손질한다.

- 고객관리 카드에 기록하고 보관한다.

- 주위를 소독하고, 손을 비누로 씻고 소독한다.

재염색(recolorization)

탈색된 모발의 기여색소는 색이 칠해질 도화지와 같고 '조색제'라고 불리는 새로운 색상은 페인트이다.

- 적절한 기여색소를 만들기 위해 탈색한다.

- 탈색한 모발에 새로운 색을 더하여 따뜻하거나 또는 차가운 색조와 강도를 만들어 준다.

염색과정 조절(color control)

염색디자이너로서 최종 결과 이상으로 조절할 수 있는 염색 절차는 없다. 탈색과정을 조절하고, 색조를 조절한다.

---

* 단일 과정 염색(one-step tints)
- 단일 과정 염색은 한번의 시술로 원하는 색을 얻어내는 방법이다. 그 시술 자체는 여러 단계로 이루어질 수 있으나, 원하는 색은 한 번의 적용으로 얻을 수 있다. 단일 과정 염색은 단일 시술 염색(single-application tinting)이나 단일 단계 염색(one-step coloring)이라고도 한다.

* 이중 과정 염색(two-step tints)
- 이중 과정 염색은 두 종류의 화학제로 시술하여 원하는 색조를 얻는 방법이다. 예를 들면, 탈색을 한 후 토너를 사용하는 방법과 사전처리를 한 후 염료를 사용하는 방법 등이 있다. 이 방법은 이중 시술 염색(double-application tinting)이나 두 단계 염색(two-step coloring)이라고도 한다.

영구염모 컬러차트

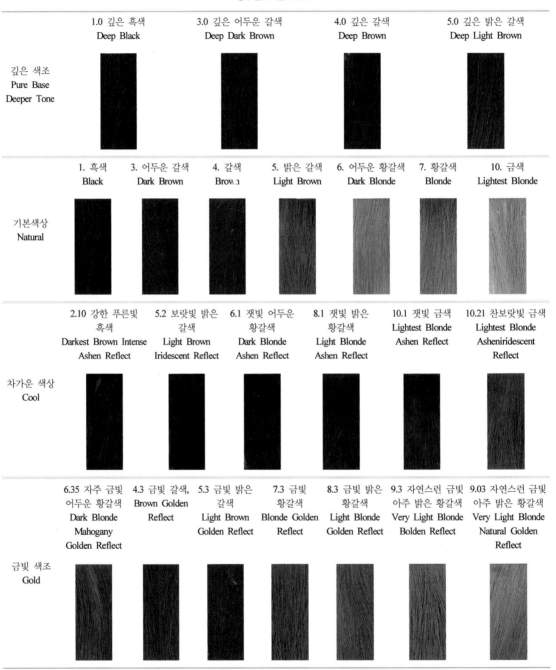

	1.0 깊은 흑색 Deep Black	3.0 깊은 어두운 갈색 Deep Dark Brown	4.0 깊은 갈색 Deep Brown	5.0 깊은 밝은 갈색 Deep Light Brown			
깊은 색조 Pure Base Deeper Tone							

	1. 흑색 Black	3. 어두운 갈색 Dark Brown	4. 갈색 Brown	5. 밝은 갈색 Light Brown	6. 어두운 황갈색 Dark Blonde	7. 황갈색 Blonde	10. 금색 Lightest Blonde
기본색상 Natural							

	2.10 강한 푸른빛 흑색 Darkest Brown Intense Ashen Reflect	5.2 보랏빛 밝은 갈색 Light Brown Iridescent Reflect	6.1 잿빛 어두운 황갈색 Dark Blonde Ashen Reflect	8.1 잿빛 밝은 황갈색 Light Blonde Ashen Reflect	10.1 잿빛 금색 Lightest Blonde Ashen Reflect	10.21 찬보랏빛 금색 Lightest Blonde Asheniridescent Reflect
차가운 색상 Cool						

	6.35 자주 금빛 어두운 황갈색 Dark Blonde Mahogany Golden Reflect	4.3 금빛 갈색, Brown Golden Reflect	5.3 금빛 밝은 갈색 Light Brown Golden Reflect	7.3 금빛 황갈색 Blonde Golden Reflect	8.3 금빛 밝은 황갈색 Light Blonde Golden Reflect	9.3 자연스런 금빛 아주 밝은 황갈색 Very Light Blonde Bolden Reflect	9.03 자연스런 금빛 아주 밝은 황갈색 Very Light Blonde Natural Golden Reflect
금빛 색조 Gold							

| 7.44 진한 구릿빛 황갈색 Blonde True Copper Reflect | 4.42 보라 구릿빛 갈색 Brown Iridescent Copper Reflect | 7.43 금 구릿빛 황갈색 Blonde Golden Copper Reflect | 4.45 자주 구릿빛 갈색 Brown Mahogany Copper Reflect | 6.45 자주 구릿빛 어두운 황갈색 Dark Blonde Mahogany Copper Reflect | 8.45 자주 구릿빛 밝은 황갈색 Light Blonde Mahogany Copper Reflect |

구릿빛 색조
Copper

| 6.52 보라 자줏빛 어두운 황갈색 Dark Blonde Iridescent Mahogany Reflect | 6.6 적빛 어두운 황갈색 Dark Blonde Red Reflect | 6.26 적보랏빛 어두운 황갈색 Dark Blonde Reddish Iridescent Reflect | 6.62 보라 적빛 어두운 황갈색 Dark Blonde Iridescent Red Reflect | 6.60 강한 적빛 어두운 황갈색 Dark Blonde Intense Red Reflect |

마호가니
Mahogany

| 4.26 적보랏빛 갈색 Brown Reddish Iridescent Reflect | 5.52 보라 자줏빛 밝은 갈색 Light Brown Iridescent Mahogany Reflect | 4.56 적자줏빛 갈색 Brown Reddish Mahogany Reflect | 5.5 자줏빛 밝은 갈색 Light Brown Mahogany Reflect |

마호가니
Mahogany

| 4.20 강한 보랏빛 갈색 Brown Intense Iridescent eflect | 5.20 강한 보랏빛 밝은 갈색 Light Brown Intense Iridescent Reflect | 5.62 보라 적빛 밝은 갈색 Light Brown Iridescent Red Reflect | 5.64 구리 적빛 밝은 갈색 Light Brown Copper Red Reflect | 6.66 진한 적빛 어두운 황갈색 Dark Blonde True Red Reflect | 6.64 구리 적빛 어두운 황갈색 Dark Blonde True Red Reflect | 7.40 강한 구릿빛 황갈색 Blonde Intense Copper Reflect |

마지로 우즈
Majirouge

● 요약

- 탈염색을 위해 고객과 상담 시 자연조명 앞에서 고객의 개인적 특성, 활용성, 좋아하는 색상, 나이, 직업 등과 함께 신생모의깊이, 밝기의 정도, 모발길이와 명도 반사빛 코팅 여부 등이 고려된다.
- 아닐린유도성 염료나 토너 사용 시 24~48시간 전에 귀 뒤나 팔의 안쪽에 알레르기 반응검사를 해야 한다. 양성반응 시 유기합성염모제 대신 highlight, lowlight, 식물성 염모제, 탈색, 일시적 염모제 등을 이용하도록 하며, 색상선택 시 첫 느낌(first impression)이 중요하다.
- 염색시간과 모발 다공성문제는 스트렌드 테스트를 실시하면 해결할 수 있다. 즉 색의 진행과 결과를 관찰하기 위해 실시하며, 새로 자라 나온 부위에 염모제를 도포하고 진행시간을 본 후 결과를 위해 두부에서 세 곳을 설정하여 약간의 모다발을 물타월로 닦아 내고 들여서 아래서 위로 색상을 검사한다. 이는 모발에서 금속성염과 코팅염료, 염료 등을 제거하기 위해 진행된다.
- 탈색제는 알칼리성이 강하고 산화제가 들어 있기 때문에 두개피부와 접촉 시 피부병이 발생할 수 있다. 따라서 탈·염색 전 24시간 동안에는 샴푸를 하지 않는다. 도포 시 모근 쪽 1~1.5cm를 띄운 후 탈색제를 도포해야 하며, 자연모 6레벨 이하에서는 탈색이 빨리되나 긴 모발의 모간끝부분, 저항성모, 발수성모, 자연모의 레벨이 2~3 정도의 굵은 모발은 탈색이 느리게 일어난다.
- 토너는 색의 채도를 표현하는 기법에 속한다. 즉 자연모를 탈색시키면 밝은 모발색은 빠르고 쉽게 탈색되나 어두운 모발은 황금색 단계 이상으로 탈색이 되기 어렵다. 토너인 조색액은 특정 등급의 밝기에 있는 색소에 원하는 색조를 만들기 위해 사용되며, 모발이 충분히 팽윤되었을 경우 원하는 색상을 얻을 수 있다. 즉 반드시 탈색과정이 요구되는 염색이다.
- 자연모를 12½톤 정도 탈색 시 샴푸 블리치제(탈색제 10g + 6% H_2O_2 30㎖ + 샴푸제 10㎖ + 물 60㎖ = 1:3:1:6 의 비율로 혼합)를 사용한다.
  * 저항성모 또는 다공성모의 경우 또는 밝게 염모된 모발을 본래 자연모로 되돌리기 위해 애벌염색(필러)이 사용된다.
  * 딥클렌징(탈색제 10g + 산화제 30㎖)은 닦아 내는 기술로서 염모의 명도를 올릴 때 사용하며, 클렌징은 탈색제 10g + 온수 10㎖ + 샴푸10㎖ + 산화제 1㎖ = 1:1:1:1 비율로 혼합하여 사용한다.
- 밝은 색에서 어두운 색으로, 따뜻한 색에서 차가운 색으로, 모발에 하이라이트를 주고 싶거나, 백모를 매력적으로 보이게 하고 싶을 때 일시적 염모제를 사용하여 염색한다.
  * 반영구적 염모제는 샴푸의 횟수에 따라 변할 수 있지만, 약 4~6주까지 유지된다. 아닐린 유도성 물질을 함유한 산화성 침투 염료를 사용함으로써 색조를 이루는 영구적 모발염색은 단일과정 염색과 이중과정 염색, 줄무늬 하이라이팅 등의 처리방법이 있다.

● 연습 및 탐구문제

1. 탈·염색 준비에 요구되는 사항들은 설명해 보시오.
2. 고객이 염색을 요구할 때 상담방법을 논하시오.
3. 알레르기 테스트의 순서와 주의사항, 방법, 검사의 결과에 대해 열거한 후 논하시오.
4. 모다발 검사는 왜 해야 되는지와 검사방법 및 종류 등을 설명하시오.
5. 염·탈색 시 요구되는 두개피 관찰에 대해 설명하시오.
6. 염색 시술 전·후의 조건과 주의사항을 열거하시오.
7. 탈색에 요구되는 기초기술을 모발등급에 비유하여 설명하시오.
8. 탈색도포 시 자연방치와 가열 시 시간경과에 따른 기여색소등급 과정을 설명하시오.
9. 재탈색과 재염색 시 요구되는 사항을 비교·설명하시오.
10. 토너사용을 위한 탈색과정과 토너의 선택, 시술준비 등에 대해 설명하시오.
11. 샴푸 블리치, 블리치컨디셔너, 애벌염색, 클렌징, 딥클렌징의 혼합재료와 비율, 사용목적 등을 열거·설명하시오.
12. 일시적, 반영구적, 영구적 염모과정을 비교하여 설명하시오.

참고문헌

Chedekel, Miles R. Melanin: Its Role in Human Photoprotection, Washington: Valdenmar Publishing Co 1995.

Clarence R. Robbins, Chemical and Physical Behavior of Human Hair, Springer-Verlag, 2002, New York.

Dale H. Johnson, Hair and Hair Care, MARCEL DEKKER, 1997.

John Hala, Hair Structure and Chemistry Simplified, Milady an imprint of Delmar, a division of Thomson Learning, Inc., 2002.

Lisa Zeise, Miles R. Chedekel, Tomas B. Fitzpatrick,, Melanin: Its Role in Human Photoprotection, Valdenmar Publishing, 1994.

Shier, Butler, Lewis, Hole's Human Antaomy & Physiology, McCRAW.HILL, 2004.

Robbins, Clarence R. Chemical and Physical Behavior of Human Hair. New York: Springerverlag, 2002.

Dale H.Johson. Hair and Hair Care, Illinois: Helene Curtis, Inc. 1986.

굴구박 저, 신계면활성제, 세화, 1994.

김종득 저, 계면현상론, 아르케, 2000.

김학성 편저, 디자인을 위한 색채, 조형사, 1985.

남기대 저, 계면활성제, 수서원, 1998.

류은주 외 4인, 모발미용학의 이해, 신아사, 2009.

류은주, 모발학(Trichology), 광문각, 2002.

류은주, 외 2인, HAIR DESIGN and VISAGISM, 청구문화사, 2000.

류은주, Clincical HAIR COLORING, 청구문화사, 2001.

류은주 · 오무선, 모발 및 두개피부관리 방법론, 이화, 2003.

최영훈 편저, 색채학개론, 미진사, 1985.

毛髮の科學, CLARENCE · R · ROBBINS 原著, 本間意譯; フレグテリスジヤ-ナル社, 1982.

安藤眞夫, 毛髮學, 주)INTER BEAUTY INNOVATION, 2003.

색인

gray hair 9, 38, 42, 132

류은주(이학 박사) ─────────────────────────────

국가기술자격 정책심의위원회 세무직분야 전문위원
1992, 1996, 2000년 헤어월드 챔피언십 국가대표선수
한국모발학회 회장 역임
현) 한서대학교 피부미용학과 부교수(1991~현재)

오강수(미용예술학 박사) ─────────────────────────

초당대학교 뷰티미용학과 전임교수
한국미용예술학회 이사
산업인력관리공단 이용장 실기 검토 위원
한국미용장협회 이사

염·탈색
미용교육론

초 판 인 쇄 | 2012년 5월 25일
초 판 발 행 | 2012년 5월 25일

지 은 이 | 류은주·오강수
펴 낸 이 | 채종준
펴 낸 곳 | 한국학술정보㈜
주   소 | 경기도 파주시 문발동 파주출판문화정보산업단지 513-5
전   화 | 031) 908-3181(대표)
팩   스 | 031) 908-3189
홈 페 이 지 | http://ebook.kstudy.com
E-mail | 출판사업부 publish@kstudy.com
등   록 | 제일산-115호(2000. 6. 19)

ISBN   978-89-268-3359-9 93570 (Paper Book)
          978-89-268-3360-5 98570 (e-Book)